살리는 사람
농부

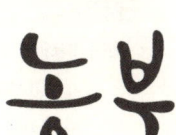

한살림생산자 16명의 이야기

김성희 지음
류관희·장성백 사진

한살림

차례

08
추천하는 글
나와 너를 넘어
우리를 생각하게 했던 그들
서형숙 조합원

14
책을 펴내며
그래도 세상에
희망은 있다
김성희

씨를 뿌리다

79
누군가는 이 농사 유지해야
나중에 더 많은 이들이 먹겠지?
경북 상주 햇살아래공동체
최병수

95
사람이 꽃 되고
꽃이 사람 되듯이
충북 영동 옥잠화공동체
서순악

111
'하느님 95%, 내가 5%'
아버지와 아들이 대를 이어
생명농업
제주 큰수풀공동체
임선준·임동영

땅을 살리다

23
우리 땅 생명을 늘린
우렁이농법
충북 음성 최성미마을
최재명

41
나부터 살자고
유기농사 지었지
충남 세종 고송공동체
이병주

57
어디 농민이
땅을 놀린답디까?
충북 괴산 칠성유기농공동체
경동호

밭을
갈다

131
기도하고 명상하면서
식물이 하는 말에 귀 기울이며
전남 진도
김종복

149
협동이
희망의 근거이다
경남 고성 공룡나라공동체
김찬모

165
'내용 있는 밥' 나누어 먹고
함께 쉬는 그날 향해
전북 변산 산들바다공동체
이백연

북을
돋우다

185
내가 살기는
좀 재미있게 살아
경북 의성 쌍호공동체
김정상

201
작은 마을공동체라면
해볼 만하다 싶었죠
충북 괴산 솔뫼공동체
김의열

217
호텔보다 더 편안한 삶,
흙에서 일군다
제주 한울공동체
신만균

231
쉼 없이 공부하고
느낀 만큼 행동해요
경기 파주 천지보은공동체
김상기

하늘과 땅
바다가 함께

251
한 알의 밀알처럼
괴산에 뿌린 씨앗
충북 괴산 한살림축산영농조합법인
안상희

267
소금다운 소금을
먹게 한 이
전남 신안 마하탑
유억근

285
시상에 부러울 게
읎써!
전남 해남 참솔공동체
김형호

추천하는 글

나와 너를 넘어 우리를 생각하게 했던 그들

한살림에서 조합원으로 활동하면서 생산자들을 가까이 만날 수 있었다. 우리가 그들이 있는 곳으로 가기도 했고, 그들이 도시로 오기도 하면서 우리는 긴 시간 서로를 알아왔다.

나는 한살림 생산자를 만나면 아니 떠올리기만 해도 가슴이 두근거린다. 그들이 전국 각지에서 땅과 바다를 가꾸어 만들어 내는 물품들을 대할 때도 그렇다.

마냥 좋아서다. 배우자(서순악 생산자의 경우는 '하느님')와 지극한 사랑을 나누고 자녀와 소통하고 공동체를 일구고 이웃을 보살피면서 마을과 세상을 살리는 일을 척척 해내는 힘과 솜씨에 감탄이 절로 난다. 웃음이 날 만큼 재미난 건, 뭐든 살리는 일이 아닐까? '살리기 선수'라서 우리 생산자들 얼굴엔 항시 미소가 묻어 있는가 보다. 한결 같은 그들과 함께 25년 동안 조합원으로 살다 보니 때론 엇비슷해진 나를 발견한다.

이 책에서 소개하는 생산자 거의 모두와 20여 년 동안 이야기를 쌓아 왔는데 그걸 단 몇 줄 추천사로 담을 수는 없는 노릇이라 안타깝다. 생각해 보면 한살림 초기에, 물품 종류는 몇 가지 되지도 않고 그마저도 모양이나 맛이 보잘것없었는데 그런 열악한 상황에서도 어려운 일들을 닥치는 대로 풀어내는 열정이 어떻게 생겼는지 되돌아보면 스스로 참 대견하다. 어려운 때마다 마치 머리가 하늘로 열려 있는 듯 답이 보였다. 풀어낼 지혜와 용기가 생긴 건, 순전히 생산자와 소비자 사이에 든든한 믿음이 있었기에 가능했다. 또 그 가운데 산타할아버지와 같은 실무자들이 있어 셋이 똘똘 뭉쳐 하나로 움직였다. 우리끼리는 그렇게 콩 한 쪽도 나눠 먹는 마음으로 좋아라 했지만 다른 사람들의 눈총은 따가웠다.

많은 소비자들은 한살림 조합원들에게 "유기농이 어디 있느냐? 다 농민들 속임수지"라거나 "좋은 것은 자기네가 먹고 물건 같지도 않은 것만 모아 유기농이라 속여 파는 거다"라거나 했다. "그 집단, 빨갱이냐?"는 소리도 들어야 했다. 고난을 겪은 건 생산자도 마찬가지다. 관행농을 하는 이웃과 마찰이 생겨 미친 사람 취급을 받거나 "부자들만 먹는 유기농사를 짓느라 이 고생을 하냐?"는 비아냥거림을 넘치게 들었다.

하지만 우리 생산자들은 이거다 싶으면 행했다. 재고를 걱정하거나 다음으로 미루지 않았다. 누구라도 나서서 움직이고 거침이 없었다. 가장 기억에 남는 생산지는 충북 음성 최성미마을이다. 그 당시 흙공동체에서 오는 쌀부대에는 일일이 손으로 쓴 편지가 들어 있었다. 작물이 어떻게 생산되었는지와 이걸 먹는 조합원들에게 감사하다는 내용이었다. 조합원들도 준비되어 있었다. 알타리무를 처음 내려고 하는데 품질을 걱정하는 생산자들에게 알타리무가 나무만큼 불쑥 크게 자라거나 이파리만 무성해도 다 먹겠다고 했다. 소비자가 마을에 가서 같이 단오잔치를 열 때는 관행농사를 짓는 이웃 농민들과도 함께했다. 한살림만 아니라 '다 같이 함께'라는 마음이 있었다.

땅에서 묵묵히 일하는 생산자는 스승이었다. 그들에게 가격이 아니라 가치를 우선하는 법을 배웠다. 우리는 그들이 오로지 발을 땅에 딛고 씨앗을 뿌리고 생명을 살려내는 것만 보았다. 눈에 보이는 것만 믿고 따랐다. 우리가 두려운 건 하늘과 나 자신뿐이었다. 서로 마주하니 돈과 시장의 논리로는 설명할 수 없는 신뢰가 싹트더라. 겁나는 일이 없었다. 산지에서 열무가 남는다 하면 아파트 입구에 나가 동네 사람들에게 팔고 유정란이 남았다고 하면 아는 단체로, 성당으로 뛰어다녔다.

1995년 생산자들이 도시로 와, 조합원들과 함께 결실을 나누는 잔치인 가을걷이 잔치 한마당을 여는데 장소가 마땅치 않았다. 우리는 봄부터 여름이 되도록 서초구청으로 출근해 마침내 마당을 얻어 냈다. 1996년엔 서순악 선생, 박영천 선생과 함께 농사뿐 아니라 밥과 빨래도 하고, 아이까지 돌봐야 하는 여성생산자들을 위한 모임을 꾸렸다. 1999년에는 조합원인 윤선주, 윤희진, 유영희 씨와 매주 우리 집에서 만나 《한살림선언》을 조금 더 쉽게 풀어 〈한살림 운동의 지향〉을 만들어 냈다. 2002년에는 볶은소금에 다이옥신이 있다는 언론보도로 파동이 일자 얼른 볶은소금과 죽염, 꽃소금, 맛소금, 정제소금물에 바지락을 키워 어느 게 안전한지 입증한 뒤

천규석, 유억근 생산자께 안심하라고 전화를 드리기도 했다. 혼자서는 엄두도 못내는 일을 한살림이란 울타리 안에서 척척 해낼 수 있었다. '생산자는 소비자의 생명을, 소비자는 생산자의 생활을' 책임지는 한살림의 지향대로 착실히 살 수 있었다.

차차 눈앞에 보이는 것보다 더 큰 걸 기대하게도 되었다. 3~5가구씩 공동체 단위로 물품을 받던 시절, 아파트 입구에서 공급받은 물품을 나누고 있노라면 지나가는 이들이 한마디씩 했다. "그렇게 열심히 활동하면 뭐. 남는 게 있느냐"고. 처음엔 "생기는 거 하나도 없다"고 했으나 곧 알게 되었다. 돈은 안 생기지만 돈으로는 살 수 없는 더 좋은 세상이 만들어진다는 걸.

어느새 나도 생산자들의 뜻 깊은 욕심을 따라하기 이르렀다. 무를 집을 땐, '내가 작은 것 고르면 누군가는 큰 걸 먹겠지' 하는 마음을 갖게 되었다. 나아가 내 아이만 잘 키우겠다는 욕심에서 벗어나 '내 아이, 네 아이가 아닌 '우리 아이'로 키우겠다'는 다짐도 하게 되었다. 생산자들을 만나면 물이 스미듯 너무나 자연스럽게 나도 바뀌었다. 점차 '세상 어떤 생명체가 언제 어디서나 무엇인가 손 닿는 대로 먹어도 오래도록 탈이 없는 세상'을 꿈꾸게 되었다. 한살림다운 큰 그림을 그릴 수 있어 일희일비하지 않아 여유로운 인생이 되었다. 말하자면 도시에서 농사를 지었다. 자연히 따르는 사람도 생기더라.

우리 생산자들은 참 행복하다. 가족에게 사랑받는 아버지와 어머니이다. 요즘, 아이들에게 '감사장'을 받는 이가 있을까? 농사의 대를 잇겠다고 고향으로 돌아오는 자식을 둔 부모는 얼마나 될까? 누가 날마다 온갖 주변 푸성귀며 산나물, 갯것들을 거둬다 밥상에 올릴 수 있을까? 이웃과 조화롭게 어울려 함께 땀 흘리고, 아이들을 마음껏 낳아 기르는 평화를 누릴 수 있을까? 가난과 핍박, 고난을 기회로 만들고 자투리땅에도 온갖 야생화를 심어 낙원으로 꾸며 누린다. 아무것도 부러울 게 없는 삶, 이 책에 소개된 우리 생산자들의 모습이다. 세상은 내게 노예로 살라 강요하진 않는다. 그런데 많은 사람들이 순간적으로 더 쉬운 길을 고르다 보니 '이게 아닌데, 이게 아닌데' 하며 원하지 않는 삶을 살아간다. 들여다보면 우리 생산자들은 언제나 삶의 주인으로 살고 있다. 아마 그들에게 또 다른 생이 주어진다 하더라도 역경을 달게 견디며 지나온 삶대로 살지 않을까? 나 역시 그렇다. '후회 없는 삶, 성공한 삶'이다. 에머슨의 '인생의 성공이란' 시처럼.

자주 그리고 많이 웃는 것/ 현명한 이에게 존경을 받고/ 아이들에게서 사랑받는 것/ 정직한 비평가의 찬사를 듣고/ 친구의 배반을 참아내는 것/ 아름다움을 식별할 줄 알며/ 다른 사람에게서 최선의 것을 발견하는 것/ 건전한 아이를 낳든/ 한 뙈기의 정원을 가꾸든/ 사회 환경을 개선하든/ 자기가 태어나기 전보다/ 세상을 조금이라도 살기 좋은 곳으로 만들어 놓고 떠나는 것/ 자신이 한때 이곳에 살았음으로 해서/ 단 한사람의 인생이라도 행복해지는 것/ 이것이 진정한 성공이다.

책에서 오래된 지인들이 불쑥불쑥 나타나 반가웠다. 아련한 추억에 잠겨 웃고 울다가 책을 놓고 숨을 몰아쉬기도 했다. 벌써 저 세상 사람이 된 생산자가 자꾸 더해지고 있다. 안타깝다. 고 임선준 님의 말처럼 농사란 하느님과 동업하는 거다. 아무리 잘해도 하늘이 도와주지 않으면 안 된다. 게다가 조합원과 실무자가 거들어야 완성이다. 한데 기준 이상 자랐다고 예초기로 갈아엎는 시금치밭이 있다면 그게 정말 한살림일까? 뭐가 남아도는지 모자라는지를 알던 그때, 그때에 할 수 있었다면 지금도 할 수 있을 텐데, 참으로 아쉽다. 우리는 지금 정말 한살림을 하고 있는가, 자주 반문해 볼 일이다.

이 책에는 그간 생산자들에 대해 알고 미루어 짐작하고 보아왔던 것들이 소상히 쓰여 있다. 이 세상, 절로 되는 일은 없더라. 각고의 노력과 인내 끝에 만들어진 결과물들이다. 힘들 때, 뭐든 무의미하다 여길 때, 책을 곁에 두고 들여다보면 한살림 하는 자부심이 생겨 좋겠다.

서형숙 조합원

《엄마학교》 저자로 1989년부터
한살림 조합원 활동을 해 오고 있다.

책을 펴내며

희망의 씨앗 뿌리고
생명을 가꿔 온 농부들

한살림이 돈과 시장의 논리를 넘어 사람과 자연, 도시와 농촌이 함께 사는 길을 열어 왔지만, 2014년 9월 현재 한살림에 참여하고 있는 조합원은 47만 세대 정도다. 대단한 숫자이긴 해도 전국 전체 세대의 2% 남짓밖에 되지 않는다. 한살림이 감당하고 있는 생명 농지의 면적도 전국 농지의 0.22%에 지나지 않는다. 마음껏 쓰고 버리는 문화로 점점 더 난폭하게 파괴되는 생태계, 기반이 허물어지고 있는 우리 농업과 농촌을 생각하면 한살림이 갈 길이 멀기만 하다. 마지막 교정지를 검토하는 시점에 정부는 쌀에 관세를 매겨 시장을 완전히 개방하겠다고 일방적으로 선포했다. 여야를 막론하고 정치권은 일관되게 농업을 무시하는 정책을 추구해 왔다. 마치 안 먹고도 살 수 있는 사람들처럼 말이다. 그나마 쌀을 거의 자급해 온 덕에 식량자급률 23%, 쌀을 빼면 겨우 3.7%밖에 먹을거리를 자급하지 못하는 나라에서 이제 쌀농사마저 무너진다면 아이들의 미래가 보통 걱정이 아니다.

"언젠가 먹을거리 전쟁이 벌어질 겁니다. 외국농산물을 사다 먹고 싶어도 그럴 수 없는 날이 올 거예요. 나는 자식들한테 다만 얼마라도 꼭 땅을 유지하라고 말해요. 땅이라도 있어야 뭐라도 심어서 목숨을 연명할 게 아녜요. 우선은 곶감이 달지 몰라도 이런 식으로 오래 지탱하지는 못해요. 싸게 사다 먹을 궁리만 하지, 식량자급에는 관심들이 없잖아요."

조치원에 사는 농부가 했던 이 말이 점점 더 무겁게 느껴진다. 무슨 일이 있어도 우리 땅에 농업이 지속되어야 한다. 한살림의 농부들, 그분들은 무슨 거창한 명분을 걸고 유기농사를 지어 온 분들이 아니다. 1970~80년대, 남들처럼 농약을 쳐 보았더니 자기 몸이 아팠고 그 아픔이 남들에게도 고스란히 미칠 수 있겠다 싶어 차마 계속할 수 없었다는 이들이다. 생명 있는 것들을 가여워하는 그 마음을 잠시 엿본 것만으로도 나는 늘 가슴이 설레곤 했다. 서울의 현실은 날로 각박해지고 우리 농업과 농촌을 둘러싼 현실도 점점 더 위태로워지고 있지만, 그래도 세상에 희망이 있구나 싶었기 때문이다.

태풍이 과수원을 쓸고 가 애써 가꾼 배들이 절반 이상 떨어졌는데도 "이만큼도 감사하다."던 조치원의 농부. 한평생 비탈밭을 일궈 제주도 유기농 귤의 시원을 연 일흔 살 농부가, 나무 아래 난 풀들은 손으로 쓸어 보고는 하늘 향해 팔베개하고 누우며 난생 처음인 듯 "아 좋다. 참 좋아." 하던 표정이 지금도 또렷하게 떠오른다. 그 모습은 이제 고인이 된 한살림 설립자 박재일 선생이 2004년, 무슨 회의를 위해 북한산 언저리 크리스찬아카데미에 갔을 때, 노랗게 물든 만추의 은행나무를 보면서 "아 참 좋구나, 가을

이 깊어. 그런데 열심히 일하는 사람들은 정작 이런 풍경을 즐기기 어렵단 말이야. 그게 안타깝지." 이렇게 탄식하던 광경과 흡사했다.

여전히 제초제를 뿌리는 관행농사에 비해 유기농사는 힘겹다. 그래도 사회적인 인식이 확산되었고, 농자재나 기술도 많이 보급되었다. 누군가가 씨를 뿌리고 남들이 가지 않은 길을 간 덕에 조금씩 길이 넓어진 것이다. 이 책에 등장하는 농부들은 대개 한살림 초창기부터 생명농업을 일궈 온 분들이다. 그들이 무농약 농사를 시작할 때는 알아주는 사람도 없고 무슨 보상이 따로 있었던 것도 아니다. 관행 재배한 사과가 가락동 도매시장에서 비싸게 팔리는 걸 알면서도 차마 제초제를 뿌리지 못해 늘 소출이 적었던 경북 상주의 한 농부에게, 곤궁한 생활을 보다 못한 중학생 아들이 "반만 농약을 쳐 생활비를 벌고 반은 아버지 고집대로 농약을 안 치면 어떻겠는지" 권했지만 차마 그럴 수 없었다고 했다.

말 못하는 가축도 생명으로 존중해야 한다는 생각으로 한살림의 깐깐한 축산 원칙을 마련해 온 분들은 "이렇게들 고기를 많이 먹으면 우리 땅이 견뎌낼 재간이 없다"고 걱정했다. 하나같이 시장의 셈법과는 다른 마음 씀씀이다.

《살리는 사람 농부》는 2008년부터 4년 남짓 동안 계간지 《살림이야기》에 연재한 '땅땅거리며 살다'를 통해 만난, 생명이 살아 있는 땅을 일구고 씨를 뿌리던 사람들, 그와 다를 바 없는 마음으로 가축을 기르고 소금을 만들며 김을 길러 낸 한살림 생산자들에 대한 이야기다. 서툰 글로나마 사람과 자연이 조화롭게 살아가는 길을 열어 온 이들의 이야기를 전할 수 있게 돼 감사하다.

친환경농산물에 대한 정부의 '인증제도'가 도입된 것은 불과 2001년부터다. 한살림이 독자적인 취급 기준을 엄격하게 적용해 온 지 15년이 지난 뒤다. 이제 시장에 친환경인증마크를 달고 있는 농산물이 흔히 만날 수 있다. 한살림을 보면서 출발한 생협들도 여럿 생겼다. 시중에는 친환경농산물만 유통하는 유통업체들도 생겨나고 대형할인마트에 따로 친환경농산물만 취급하는 코너도 생겼다. '친환경유기농'은 이제 더 이상 자연을 대하는 태도나 특별한 가치관을 나타내는 말이 아니게 되었다. 그러나 물품의 외양이나 '인증기준'을 충족시켰는지 여부만으로는 물품이 어떻게 길러졌는지, 그 물품에 담긴 내력을 제대로 이해하기 쉽지 않다. 이 책은 사고파는 관계를 넘어 서로 이해하고 기댄 채 살아가는 생명의 모습 그대로, 먹을거리를 기르고 나누면서 우리 사회를 조금씩 그러나 근본적으로 바꿔 온 이들의 이야기를 전달하고 싶은 마음에서 시작했다. 피하고 싶고 두렵기만 한 우리 농업의 파국을 돌이키는 데, 이 책이 털끝만큼이라도 기여할 수 있으면 좋겠다. 문제는 짧은 식견과 무딘 문장이 그 열망을 미처 따라가지 못했다는 점이다.

책이 묶이기도 전에, 우렁이농법을 창안해 논에 뿌려지던 제초제를 획기적으로 줄인 최재명 씨와 제주도 큰수풀공동체의 임선준 씨가 세상을 떠났다. 그들뿐 아니라 꼭 만나서 이야기를 듣고 싶었으나 미처 만나뵙기 전에 돌아가신 분들이 몇 분 더 있다. 2003년 새로 결성한 한살림생산자연합회 초대 회장을 지낸 최재두 씨도 그중 한 분이다.

"마늘 같은 것을 보면 뿌리에 흙 한 톨 안 묻어 있고 얼마나 정성스럽게 갈무리가 돼 있던지 대번에 누가 보낸 건지 알 수 있었다." 한살림 초창기 소비자와 실무자들이 한결같이 이런 모습으로 떠올리는 충남 당진의 정광영 씨는 몇 차례 인터뷰를 시도했지만 그 무렵 건강이 악화돼 만나지 못했다. 한살림의 1세대 생산자들이 대부분 70~80대 고령인 점을 생각하면 여간 초조해지는 게 아니다.

책에 실린 사진은 장성백·류관희 두 사람이 찍었다. 장성백 씨는 지금 괴산 솔뫼마을에 귀농해 유기농 벼와 토마토 농사를 짓고 있다. 류관희 씨는 오랫동안 자신의 재능을 시민단체 등에 기부해 온 인연으로 《살림이야기》와 만났다. 두 사람 모두 생산자들을 단순히 일거리나 피사체로만 대하지 않았다. 온종일 주변을 맴돌면서 상대의 마음을 읽고 그 표정까지 담아내려고 애쓴 결과 부족한 글을 보완해 주는 울림 있는 사진들이 나왔다.

책에 소개된 16명의 각별한 생산자들뿐 아니라 그들이 용기를 잃지 않고 고난의 길을 견딜 수 있게 응원했던 한살림 초창기 소비자조합원들 역시 부엌에서 우리나라 유기농업을 일군 또 다른 생산자들이었다. 이제 2천 세대가 넘는 전국의 한살림 생산자들이나 한살림 생산자는 아닐지라도 이들과 다르지 않은 마음으로 우리 농업을 지탱하고 있는 참농부들 모두에게, 밥상에 앉을 때마다 감사드린다.

"당신 덕분에 잘 먹고 잘 살고 있습니다!"

2014년 가을 김성희

땅을
살리다

최재명 이병주 경동호

우리 땅
생명을 늘린
우렁이농법
최재명
충북 음성 최성미 마을

충청북도 음성군에 사는 농부 최재명 씨를 만나러 중부고속도로를 달렸다. 어쩐지 논에 사는 붕어나 미꾸라지, 우렁이 같은 게 어릴 때부터 너무 좋았다는 이다. 음성나들목을 빠져나와 동쪽으로 2km가량 가면 대소면소재지에 이른다. 거기서 4km가량 더 달리면 오른쪽으로 최성미마을로 들어가는 표지판이 보인다. 서울을 떠난 지 불과 2시간도 안돼 닿는 거리다. 행정구역으로는 금왕읍 대소면 성본3리. 최성미라는 이름은 임진왜란 때 피난 온 해주 최씨들의 세거지인 탓에 붙여졌다. 마을은 꽤 멀리까지 뻗은 비산비야의 펑퍼짐한 구릉에 안기듯이 들어서 있다. 논들은 구릉 사이로 흘러내리듯 마을 앞에 자리 잡고 있었다. 언뜻 보기에도 이제 마을에 논은 별로 없고 대부분 밭떼기들이 오밀조밀 낮은 구릉들 위로 펼쳐져 있을 뿐이다. 나중에 들으니 마을 농사의 대부분은 외지인들이 와서 짓는 인삼, 마, 토란 같은 환금작물들이라고 한다.

일흔아홉에 혼자 꾸려가는 8천 평 농사

최재명 씨가 한숨처럼 흘리던 말투가 오래도록 기억에 남는다. 최성미마을 어귀에는 거대한 느티나무가 서 있었다. 오래된 마을들에는 대개 마을 초입과 마을 뒤 산등성이에 수백 년 묵은 나무들이 당산나무로 자리 잡고 있다. 마을을 지키는 수호신인 셈이다. 그런데, 이 마을의 느티나무는 나뭇잎이 성기고 그나마도 대부분 시들어 있어 애처로웠다. 몇 해 전, 이 마을에 살다 돌아가신 최재두 전 한살림생산자연합회 회장의 장례식 때도 그 나무를 유심히 본 적이 있다. 그때 이미 나무는 시들어 있었다. 나무는

1989년 한살림이 처음으로 이 마을에서 단오잔치를 연 순간을 기록한 사진에도 등장한다. 사진 속의 나무는 마을을 다 뒤덮을 듯 우람했고 짙은 나무 그늘 밑에서 100명은 족히 될 사람들이 더할 나위 없이 한가로운 표정으로 단오잔치를 즐기고 있었다. 모두 한살림 초창기 소비자들과 이 마을 농민들, 그리고 몇 명 되지 않던 실무자들이었다.

"원래 두 그루였는데, 주차장하고 운동시설 만든다고 주변에 콘크리트를 뒤덮은 뒤로 이렇게 됐지. 결국 나무 하나는 죽어서 잘라 내고, 한 그루는 저렇게 시들고 있어요."

500살 가까이 되었다는 마을의 수호신은 이렇게 시들어 가고 있었다. 우리나라 친환경농업의 역사에 굵게 새겨져야 마땅한 이 마을의 운명을 상징하는 것만 같았다.

양식을 하려다 우연히 발견한 우렁이농법

새벽에 들에 나왔다는 최재명 씨는 해가 뜨거워지기 전까지는 일을 하고 있을 테니 그리로 찾아오라고 했다. 그는 구릉과 구릉 사이로 길게 흘러내린 논배미에서 해오라기나 백로들처럼 허리를 구부리고 일을 하고 있었다. 일흔아홉 살이라는 나이가 믿어지지 않을 정도로 건강했고 표정이 맑아 탈속한 이미지가 느껴졌다. 일을 하는 모습도 젊은 사람들처럼 완력으로 무엇을 제압하려기보다는 물 흐르듯이 자연스럽고 순조롭게 리듬을 타듯이 부드러웠다.

그는 지금도 2만 6천400㎡(약 8천 평) 규모의 농사를 혼자 힘으로 꾸리고 있다. 야트막한 언덕 위에서 마을 입구 쪽으로 길게 뻗어 내린 대여섯 배미 논 가운데 맨 위에 있는 800평, 맨 아래 1천200평에는 벼를 심었지만 그 사이에 있는 농지에서는 우렁이와 새뱅이를 기른다. 새뱅이는 토하라고도 불리는 민물새우이다. 농약 치는 농사가 퍼지기 전에는 흔했던 새뱅이가 이제는 멸종위기생물이라고 한다. 맑은 물에만 살면서 물속의 유기물을 먹으며 13개월쯤 살다 죽기 때문에 따로 사료를 줄 필요는 없다. 다만 몰려드는 해오라기나 오리 떼를 막기 위해 그물을 덮어 두었다. 새뱅이는 최재명 씨 말고는 전남 강진의 청자골 정도에서만 명맥을 잇고 있다고 한다. 인근 하천과 수자원공사 등을 몇 년 동안 돌아다니다 우연히 발견한 새뱅이를 번식시켜 겨우 오늘에 이른 것이다. 맑은 물도 중요하지만 알에서 깬 새끼들을 어미들이 살던 논이나 수조에 넣으면 살아남지 못하기 때문에 바짝 말렸던 논이나 수조에서 번식시켜야 한다는 점은 그가 스스로 터득한 이치다.

새뱅이양식을 하는 논 아래쪽으로는 길이 80m, 폭 6m가량 되는 비닐하우스 여섯 동을 세워 우렁이를 기른다. 수심 10cm가량 물을 가두어 놓고 지하수를 가느다란 관에 연결해 계속 뿌리면서 수온이 너무 올라가지 않게 해 줄 뿐 특별한 시설은 없다. 우렁이는 먹성 좋게 부레옥잠 같은 물풀을 먹어 치운다. 우렁이가 너무 많은 칸에는 부레옥잠이나 물풀이 거의 남아나지 않고, 너무 적은 곳에는 주체할 수 없게 물풀이 우거져 있었다. 최재명 씨는 그 사이의 조절자다. 우렁이를 넣거나 빼면서 물속 생태계를 유지한다. 그의 말에 따르면 우렁이는 한여름에 물 온도가 37℃ 이상이 되거나 겨울에 7℃ 이하로 내려가면 대부분 죽는다고 한다. 살려서 겨울을 나게 하려면 삼중 비닐막을 쳐서 보온을 해 주어야 한다. 그가 기르는 우렁이는 인근의 우렁이농법을 하는 농가들이 함께 쓰고 일부는 식용으로 팔려 나간다. 논에 담가 두었던 그물 어항을 건져 미꾸라지 몇 마리를 소쿠리에 털어 내더니 점심을 함께 먹자며 자전거 뒤에 싣고 집으로 갔다. 미꾸라지와 우렁이를 넣고 끓인 김치찌개와 그가 기른 현미밥을 꾹꾹 눌러 담은 밥상을 받아 놓고 두어 시간 더 이야기를 이어갔다.

노인들도 제초제 없이 농사짓게 한 우렁이

그가 처음으로 창안한 우렁이농법을 모르는 사람은 이제 거의 없을 것이다. 남미 열대지방이 원산지인 왕우렁이는 1983년경 농가소득을 높인다는 명목으로 수입돼 유행처럼 번진 적이 있다. 아들 최관호 씨도 1990년 겨울에 우렁이양식을 하겠다며 우렁이와 양식 도구 등을 사 가지고 왔다.

"방 안에서 기르는데 여간 까다롭지 않아요. 겨울에도 26℃를 유지해 주라는데 시골집이라 아무리 불을 때도 20℃가 안돼요. 100만 원이나 주었다는데, 평소에 뭐든 열심히 하라고 말해 온 체면이 있으니 말릴 수도 없고. 애가 몇 달 끙끙대다가 결국 포기하고 논에다 다 쏟아 부었어요."

그때부터 논에서 잡초가 사라지는 신기한 일이 벌어졌다. 그 일을 계기로 관찰과 실험, 시행착오를 거친 끝에 1994년 우렁이농법을 완성한다. 그가 알아낸 방법은 이렇다. 661㎡(200평) 논을 기준으로 큰 우렁이 약 3kg가량을 준비해 알을 낳게 하고, 모를 내면서 낳은 새끼들을 논에 넣어

그는 우렁이와 새뱅이를 기른다. 새뱅이는 토하라고도 불리는 민물새우이다. 농약 치는 농사가 퍼지기 전에는 흔했던 새뱅이가 이제는 멸종위기생물이라고 한다.

준다. 큰 우렁이는 모낸 지 15일에서 20일가량 지나 모가 어느 정도 억세진 뒤에 넣어야 우렁이가 모까지 먹어 치우는 걸 막을 수 있다. 우렁이는 논의 물속에서 싹터 오르는 풀을 깨끗이 먹어 치운다. 우렁이가 아니었다면 노인들만 남아있는 농촌에서 맹독성 제초제에 의존하지 않고 벼농사를 지탱하기 어려웠을 것이다.

"충주에 귀농한 부부나 전남 장성 한마음공동체 남상도 목사 같은 이들이 찾아와서 고맙다고 인사를 해요. 이전엔 풀 매느라 두 부부가 손톱이 뒤집어지도록 고생을 했는데, 이젠 삽 들고 물꼬나 봐주러 왔다 갔다 하면 된다면서 정말 세상 좋아졌다고 몇 번이나 고맙다고 인사를 해요. 그게 보람이죠."

어지간한 농촌지역 기초단체들은 친환경농법을 권장하면서 우렁이 값을 대주거나 아예 우렁이를 사주는 식으로 농민들을 지원한다. 오리농법은 너구리나 들고양이 같은 짐승 피해도 많고 조류독감 우려도 있어 점차 우렁이농법이 대세가 됐다. '우렁이가 절감한 노동력이나 비용대체효과 같은 것을 돈으로 따지면 얼마나 될까? 만약 이것을 창안한 최재명 씨가 셈 빠른 도회사람들처럼 특허나 실용신안 같은 것을 등록하고 로열티를 받았다면?' 이런 엉뚱한 생각이 들었다.

그를 만나고 돌아온 뒤, 농림수산식품부 친환경농업과에 전국에서 우렁이농법을 시행하는 농가수나 논 면적이 얼마나 되는지 전화로 물어 보았다. 그러나 몇 년 전 농촌진흥청과 환경부에서 우렁이가 겨울에 죽지 않고 월동을 하면서 생태계를 파괴할 수 있는 해로운 외래생물이라며 유해 논쟁이 일어 따로 우렁이농법을 지원하는 정책을 고려하거나 실태를 파악하지 않는다고 했다. 최재명 씨 말로는, 전남 해남인가 남쪽에서 우렁이가 몇 마리 산 채로 겨울을 난 사례를 놓고 주로 학자들이 토론회에서 문제를 삼았지만 실제로 우렁이가 겨울에 살아남아 환경을 교란한 사례는 없었다고 한다.

마을도 사람들도 늙어가고 있다

지금처럼 사통팔달 포장도로가 뚫리기 전까지 이 마을은 그저 주변의 평퍼짐한 지형만큼이나 한가롭고 조용했다. 1980년대만 해도 이 마을로 오려면 인근 금왕읍 무극리 터미널까지 버스를 타고 와 비포장길을 한 시간 걸어 들어와야 했다. 그러나 1970년대 이후로 이 마을에는 격정적인 에너지가 끓어넘쳤다.

"아, 박정희 정권하고 지겹게 싸웠지. 유신통치 철폐하라! 긴급조치 철폐하라! 쌀값 보장하라! 허허."

남에게 싫은 소리도 잘 못할 것 같은 인상인 그의 입에서 나온 "지겹게도 싸웠다"는 말이 조금 낯설었다. 이 마을은 가톨릭농민회(가농)의 역사에도 여러 번 등장한다. 1980년대 중반까지, 40여 호나 될까 싶은 작은 마을에 가농 회원이 무려 18가구나 되었다. 그러나 지금은 자취를 찾기가 쉽지 않다.

"마을에서 처음 가톨릭을 받아들인 건 우리 어머니였어요. 1960년 무렵인데, 그때는 무슨 일이 있으면 다들 무당집에 가서 굿을 하고, 집안에

뭘 잘못 건드리면 동티 난다고들 하고 그랬잖아요. 내가 결혼을 하고 나서 군대에 가 있을 땐데, 안식구가 마당에 두레박질하는 우물을 팠어요. 주위에서 괜한 짓을 해서 동티 날 거라고 수군댔지. 그런데 누가 천주교 믿고 성당에 다니면 그런 거 다 괜찮다고 했던 모양이야. 그때부터 우리 어머니가 장호원성당에 나가시게 됐어요."

1966년에 결성된 가농은 유신독재와 신군부의 권위주의 통치에 맞서 가장 '전투적인' 농민권익 보호운동을 펼쳤다. 1982년 인근에 있는 무극성당에서 벌어진 '부당농지세시정 농민대회'는 오월항쟁 이후 숨도 쉬기 어렵도록 억눌려 있던 분위기를 일거에 무너뜨린 사건이었다. 경찰 봉쇄를 뚫고 모여든 농민 1천500명이 외친 '부당한 농지세 폐지하라'는 외침은 전두환정권의 철권 통치에 균열을 냈다. 40대 중반 혈기 왕성했던 그는 동생 최재영 씨와 함께 역사적인 현장을 지켰다.

최재명 씨가 생태농사를 짓기 시작한 것은 1979년 동생 최재영 씨와 그 자신이 농약 중독을 겪고 난 뒤부터다. 동생은 담배밭에 농약을 뿌리다 쓰러진 뒤 몇 달 동안 지팡이를 짚고 다녀야 했다. 그도 고추밭에 농약을 뿌리다 쓰러져 10여 일을 앓아누웠다. 그 뒤로는 가정용 파리약 냄새만 맡아도 구역질이 올라와 한동안 고생을 했다. 1970년대 후반부터 가농에서는 점차 생명농업에 대한 관심이 높아가고 있었다.

무소유공동체 실험과 좌절
최재명 씨 형제가 무농약 농사를 실천하는 일은 결코 순탄하지 않았다.

"원래 제초제는 안 쳤고, 이화명충이나 매미충약도 끊었더니 첫해에는 반이나 거뒀나? 그 다음해에는 조금 낫고, 한 삼 년 동안은 제대로 소출이 없었어요. 농사지은 쌀도 어디 따로 낼 데가 없으니까 그냥 정부수매에 일반 쌀과 섞어서 낼 수밖에 없었고……."

당시만 해도 유기농을 실천하는 일은 단순히 줄어드는 소출을 감내하는 것만이 아니라 '빨갱이' 소리를 들으며 갖은 협박과 회유를 감수해야 하는 일이었다.

"농촌지도소에서 나와서 주인 허락도 안 받고 논에다 빨간색 삼각형에 '방제'라고 쓴 팻말을 박아 놓고 가요. 나는 죄 뽑아서 내동댕이쳤지. 그 사람들도 난처해 했어요. 상부에서 하도 볶아 대니까 남의 논에 무작정 뛰어들고 그랬으니……."

같은 마을에서 함께 자란, 한 살 아래인 부인 원정애 씨도 담대했다.

"아, 남편을 말리고 싶었죠. 통일벼 안 하고 다른 볍씨 못자리 만든다고, 군에서 나온 사람이 남의 집 방안에 마음대로 들어와서 못자리를 죄 뒤집어 버리지 뭐예요. 그래서 농사꾼이 어련히 자기 농사 알아서 할까봐 이런 짓을 하느냐고 막 항의를 했죠."

그런 점에서는 확실히 세상이 변한 것 같다. 공무원들의 그런 행동을 지금의 상식으로는 상상도 하기 어렵고, 지자체들이 나서서 우렁이를 사주며 친환경농사를 권하는 세상이 됐으니 말이다.

"농약을 쳐선 땅도 나도 못살겠다 싶었지만, 박정희 정권이 싫어하는 일이니까 반독재 투쟁한다 싶어 더 열심히 그랬던 것 같기도 하고, 나도 고집이 있는 사람이니 더 열심히 농사지었지. 퇴비도 많이 넣고 두어 해 지나니까 소출도 엇비슷해졌어요. 공무원들이 소출 줄어든 걸 조사해서 상부에 보고하겠다고 나섰는데 한 마지기에 두 되가, 0.03프론가밖에 차이가 안 난 거야. 그래서 상부가 어떤 놈들인지 모르지만 그대로 보고하라고 했지."

지난 이야기를 하며 그는 유쾌하게 웃었다. 웃으며 회고할 수 있는 옛일이 된 것이다. 그러나 조상 대대로 농사짓던 방식으로 돌아가는 길을 다시 열어젖히기까지 최재명 씨 같은 선구자들이 치른 대가는 결코 간단하지 않았을 것이다.

1970~80년대에 이미 시대를 앞섰던 최성미마을의 선구적인 실험들은 안타깝게도 꾸준히 성장하지는 못했다. 한살림이 출범하던 무렵, 마을의 10여 가구 가농 회원들은 이미 '함께 경작하고 함께 소득을 분배하는' 높은 수준의 공동체를 시작했다. 내 것 네 것 없이 함께 농사짓고 농사에 필요한 자재도 공동기금에서 지출하며 '함께 노동하고 필요에 따라 소비하는' 이상적인 공동체를 시도한 것이다. 그러나 이들의 실험은 결국 실패했다. 여러 원인이 있었겠지만, 무엇보다 당시에는 이들의 생산물을 안정적으로 소비해 줄 소비자 조직이 미약했다. 초창기 한살림도 불과 몇 백 세대 회원들이 막 시작한 수준이었다. 가톨릭의 서울 본당 신부님들이 판매를 알선해 주기도 했지만 역시 안정적인 것은 아니었다. 십여 명의 젊은 농부들이 시금치도 일구고 상추도 길렀지만 하루에 주문이 들어오는 양은 불과 몇십 봉지가 되지 않았다. 노임은 고사하고 운송 비용도 마련

'우렁이가 절감한 노동력이나 비용대체효과 같은 것을 돈으로 따지면 얼마나 될까? 만약 이것을 창안한 최재명 씨가 셈 빠른 도회사람들처럼 특허나 실용신안 같은 것을 등록하고 로열티를 받았다면?'

하기 어려웠다. 게다가 완전한 무소유공동체도 아니어서 자기 농사를 지어 따로 내다 팔고 공동기금에는 넣지 않는 사람도 생겨나고, 누군가는 그것을 불편해 하기도 했다. 형편이 좋았다면 그런 정도는 대수롭지 않게 넘어갔을 것이다. 그러나 가난과 피로가 이들의 신경을 예리하게 벼려 놓았다. 그 무렵 독일의 가톨릭단체인 미제레올에서 가난한 한국 농촌에 대안공동체를 건설하기 위해 최성미마을에 농지 3만 3천60m^2(1만 평)가량을 살 수 있는 기금을 지원하겠다고 제안했다. 대신 공동체에 참여하는 사람들이 농토를 공동체로 귀속시키고 거기에 미제레올이 지원하는 1만 평까지 합치는 조건이었다. 말 그대로 '공동소유 공동경작'의 대안공동체를 만들자는 것이었다. 그러나 결국 이들은 사적 소유에 대한 미련을 놓지 못한 채 더 높은 수준의 결사체로 나아가는 일은 실패하고 공동체는 뿔뿔이 흩어지고 말았다. 물론 최재명 씨가 우리나라 논농사의 기본 환경을 바꿔놓은 일만으로도 대단하긴 하지만 이 마을 농부들의 도전이 계속 이어졌다면 또 어떤 일들이 벌어졌을까 아쉬운 마음이 드는 건 어쩔 수 없다.

"어릴 때부터 논에 사는 붕어, 미꾸라지, 새뱅이, 우렁이 같은 게 참 좋았어요. 새뱅이를 살려낸 것도 누가 시켜서 한 건 아닌데, 멸종위기라는데 누가 이어받을지……."

그는 지금도 어린 시절 논가 둠벙에서 붕어나 미꾸라지를 잡던 때처럼 맑은 표정으로 즐겁게 일하고 있다. 2012년 일흔아홉 살인 그는 여전히 건강하지만 앞으로가 걱정이다. 논의 둠벙을 키우고 맑은 샘물로 우렁이와 새뱅이를 살려낸 이 일이 이어질지 염려되기 때문이다. 해마다 새뱅이를

1kg에 5만 원씩 500kg가량 내고 있는데, 여러 가지 비용을 제하면 누군가 이어받아 생계를 꾸려갈 만한 수준이 아니라고 여겨지기 때문이다. 그는 이제껏 자기 몫의 일을 다했다. 살다 간 어떤 이들이 사회에 이런 족적을 남길 수 있을까? 그의 족적을 어떻게 이어갈지 선택은 우리 사회가 하게 될 것이다.

*

최재명 씨는 2014년 1월 10일, 여든 살의 나이로 영면했다. 갑작스러운 죽음이었다. 불과 며칠 전, 대전에서 열린 '한살림 벼 생산 관련 회의(한살림은 매년 겨울, 다음해 수확할 벼 재배면적과 가격을 생산자와 소비자들이 모여 함께 의논해 결정한다.)'에 참석해 "생산자를 믿고 지원해주는 소비자들 덕분에 쌀농사를 이어갈 수 있어 고맙다"고 인사를 할 만큼 그는 건강했다. 음성군과 충청북도에서 그가 살던 최성미마을을 수용해 그 일대를 '태생일반산업단지'로 개발하려고 하자 이를 안타까워하면서 2013년 가을부터 음성군청 앞에서 반대 시위를 해온 것이 그의 갑작스러운 죽음에 영향을 주었을 것으로 여겨져 안타까움을 자아냈다.

나부터 살자고 유기농사 지었지

이병주

충남 세종시 고송공동체

"이만큼도 감사해요. 나보다 훨씬 더 심한 피해를 당한 사람도 많으니께. 농사짓다 보면 이런 때도 있고 저런 때도 있지 매년 아무 일 없을 수 있나요?"

한평생 농사를 지어온 이병주 씨가 담담하게 말했다. 갈퀴처럼 거칠어진 손, 어디 한 점 군살이라고는 붙어 있지 않은 깡마른 얼굴, 가득 웃음을 머금고 한 말이 가슴을 파고들었다. 초대형 태풍 볼라벤이 한반도를 강타한 지난여름, 서울에서는 그 위력을 실감하기 어려웠다. 태풍 무섭다는 것은 지나가고 난 뒤에야 비로소 깨달았다. 텔레비전 뉴스 화면으로 과수원마다 수북하게 떨어져 쌓인 사과와 배를 보면서, 수확할 순간을 기대하며 일 년 내 땀을 쏟았을 생산자들의 심정을 떠올리지 않을 수 없었다. 이병주 씨의 6천610㎡(2천 평) 남짓한 과수원에서도 곧 수확하려던 배가 절반가량 떨어졌다. 한 해 소득의 절반이 줄었을 것이다. 그런데도 "이만큼도 감사하다"는 말은 마치 세상의 죄업을 대속하는 어떤 성자의 말처럼 엄숙하게 들렸다. 한 세기에 한 번 올까말까 한 가뭄이나 혹한과 폭염, 관측 최고치를 뛰어넘었다는 집중호우가 해마다 되풀이되고 있다. 작물들은 몸살을 앓고 수확은 매년 들쭉날쭉 불안정하다. 세계 곡물시장이 요동치고 우리나라 식량자급률은 급기야 22.6%까지 곤두박질했다. 남아돈다던 쌀마저 83%밖에는 자급하지 못했다.

삼십 년 전에만 해도 100세대가 농사짓던 송성리

계절은 겨울을 향해 정해진 속도대로 질주하고 있었다. 사료로 쓰려고 커다란 원통으로 말아놓은 볏짚 덩어리들만 덩그러니 놓여 있는 들판은 황량했다. 이병주 씨를 찾아가던 날도 그런 무렵이었다.

그가 사는 마을은 천안에서 공주를 통해 호남으로 뻗은 길과 조치원을 거쳐 영남으로 뻗은 길이 갈라지는 부근에 있다. 충청남도 연기군 전체와 공주시 일부, 충청북도 청원군 일부를 포괄한 '세종특별자치시'가 2012년 7월 1일 출범해 그가 사는 전동면 송성리도 이제 세종특별자치시가 되었다. 영호남으로 갈라지는 교통의 요지인데다 주위를 산들이 두르고 있기 때문인지 인근 산들에는 운주산성, 고려성, 금이성 등 백제와 고려에서 쌓았다는 성들이 여럿 있다. 예전에는 100여 세대가 모두 농사를 짓던, 제법 번성한 마을이었지만 이제는 60~70가구 정도만 남았다. 이 가운데 절반가량인 30여 가구만 농사를 짓고 여기서 열 가구가 한살림 생산자 회원이다.

마을 초입에는 정미소가 있다. 한살림에 내는 쌀은 아산에 있는 푸른들영농조합법인으로 실어다 찧지만 여느 논들의 벼는 모두 이리로 몰려와 있을 터였다. 타작마당이 흥겨워야 할 텐데 보는 이의 선입견 때문인지 오가는 농부들의 얼굴은 무표정하고 심지어는 침울하기까지 했다. 대통령 선거를 앞둔 이때, 벼 한 톨마다 농부의 손길이 여든여덟 번 닿아 있다는 말이나, 밥 한 그릇의 의미를 제대로 이해하면 세상 모든 이치를 깨우친 것과 같다(식일완만사지食一碗萬事知)던 해월 최시형 선생의 말씀이 선거에 나선 후보들에게 일말의 울림이라도 줄까? 이제 농업은 국가의 기본 산업이 아니라 일종의 동호회 활동처럼 치부되는 경향마저 있다. '농자천하지대본'이라는 말은 시늉으로라도 선거운동 공간에 휘날리지 않는다.

농약을 못 견뎌 시작한 유기농

이병주 씨는 1943년생, 우리 나이로 2012년 올해 일흔 살이 되었다. 이 마을에서 나고 자라 한평생 유기농으로 농사지으며 살아왔다. 젊은 시절인 1970년대 초에 남들이 대개 그렇게 하기에 무심코 잠깐 농약을 쳐 본 적이 있는데 몸이 감당하질 못했다. 농약에 중독돼 쓰러진 것이다. 회복한 뒤로는 이웃에서 농약 치는 냄새만 맡아도 정신을 잃곤 했다.

"우선 나부터 살아야겠다 싶었지."

유기농업에 대해 무슨 거창한 뜻을 세우고 시작한 일은 아니라는 말이다. 이병주 씨가 농사를 시작하던 무렵에는 물론 농약이나 화학비료가 없었다. 아버지가 농사짓던 방식 그대로 퇴비를 내고 그것으로 땅심을 기르고 일일이 낫이나 호미로 풀을 매면서 농사를 지었다. 그러다가 1960년대 중반부터 농약과 화학비료가 일반화됐다. 화학비료의 힘은 그가 보기에도 놀라웠다.

"나무 밑에 한 줌만 뿌려주면 소달구지로 퇴비 몇 번 끌어다 부은 것보다 나았으니까."

제초제의 위력도 상상을 초월했다. 그런데 그의 몸은 그런 편리를 받아들이기에 적합하지 않았던 모양이다. 친환경농업에 대한 정부인증 같은 게 생기기도 전, 한살림조차 출범하기 훨씬 전부터 그는 대대로 전해오던 방식을 따라 화학약품에 의존하지 않고 농사를 짓기 시작했다.

이병주 씨의 집은 마을을 거의 다 거슬러 올라가 숲에 잇닿은 부근에 있다. 할아버지 때부터 살던 집을 헐고 15년 전에 지은 빨간 벽돌 슬래브

집에는 이제 일흔이 된 그와 한 살 아래인 아내 심점순 씨 내외가 산다. 내외는 아들 둘과 딸 셋, 오남매를 낳아 이 집에서 길렀다. 모두 출가해 천안과 대전에서 사는데 서른아홉 살 막내아들이 아직 미혼인 게 이들 부부의 작은 시름이다.

그의 집안이 이 마을에 살기 시작한 것은 그의 아버지가 세 살 되던 해부터였다. 이병주 씨의 나이가 일흔이니 대략 90년 전쯤, 1920년 전후로 추정된다. 그도 정확한 시기는 알지 못한다. 이병주 씨는 육남매의 장남이었다. 장남들이 져야 하는 부담은 왕조의 세자들만큼이나 무거웠다. 가업과 집안 제사를 물려주는 일이 무슨 신앙과 다를 바 없었다. 그는 한국전쟁 난리 통에 '국민학교'에 들어갔지만 5년쯤 다니다 그만두어야 했다. 장남은 학업이 아니라 농사를 물려받아야 한다는 아버지의 생각 때문이었다. 그가 학교에 다니며 공부에 열의를 보이자 아버지는 여간 초조하지 않았다. 더 배우겠다며 훌쩍 품을 떠나 버릴까 염려가 되었던 것이다. 그는 열두 살 무렵부터 줄곧 장정 한 사람 몫을 도맡아하다 불과 열아홉 살에 집안 농사를 고스란히 물려받았다. 누나와 동생 넷에 부모님까지 가족들의 생계를 그가 짓는 농사로 이어가야 했다.

배나무 그늘 밭에 자라는 또 다른 꿈, 토종씨앗

"여기 구절초는 발그스름한 게 참 곱네. 우리 집에 있는 건 왜 허옇기만 한겨."

"이 꽃망울이 밤 되면 오므라들잖여. 그렇게 움츠러든 걸 따서 말려야

수확이 끝나고 서리가 내려도 배나무는 계속 가지를 뻗는다. 엄동설한에는 잠시 주춤하겠지만 겨울에도 생장을 멈추지 않는다. 농부들은 봄이 오기 전에 퇴비를 넣어 땅심을 살리고 가지치기를 한다.

차가 된다니께. 활짝 핀 건 향이 다 달아난댜."

세종시에서 열린 회의에 참여하고 오는 이병주 씨를 그의 집 마당에서 만났다. 함께 온 이는 이십여 년 동안 줄곧 고송공동체를 함께 꾸려 온 김영문 총무였다. 집 앞에 핀 구절초를 두고 일흔이 넘은 두 농부는 무슨 대단한 일이라도 벌어진 것처럼 이야기를 주고받았다. 가을마다 집 주변에서 피고 졌을 구절초를 예사롭게 넘기지 않는 그 마음이 시대를 앞서 연기군 일원에 유기농업 생산자공동체를 일궈 온 힘이지 않을까 싶다.

이병주 씨의 농토는 2천644㎡(800평)가량의 배밭과 산기슭에 있는 논과 과수원이 전부다. 배밭은 현관문을 나서면 마당가에 바로 붙어 있다. 할아버지 때부터 3대가 이어서 한집에 살며 근 백 년 가까이 일구어온 밭이다.

배는 완전히 유기재배를 하기 어려운 작물이다. 이병주 씨도 부득이 '저농약재배'를 하고 있다. 그러나 맹독성농약을 엄격하게 금지하고 그마저도 정부인증 저농약재배에 비해 절반 이하로만 치고 있다. 2015년 이후로는 저농약재배에 대한 정부인증이 폐지된다. 2010년에 이미 저농약재배에 대한 신규인증은 폐지되었고 이미 인증을 받은 농가들은 유효기간을 연장해 놓고 있는데 이 시한이 2015년 만료되는 것이다. 이렇게 되면 유기농·무농약·저농약 3단계로 구분해 친환경농산물을 인증하던 것에서 저농약인증은 사라지게 된다. 정부 기준은 사라지더라도 당장에 무농약재배가 어려운 과일 등에 대해 한살림은 독자 기준에 따라 생산자 스스로 생산과정을 체계적으로 관리하고 소비자들은 생산지를 방문해 생산 과정을 점검

하는 '자주관리 자주점검' 제도를 도입하기로 했다. 이병주 씨가 사는 송성리의 배밭도 이 제도가 시범 적용된다.

그런데 이병주 씨의 배밭 풍경이 여느 밭들과 조금 달라 보였다. 배나무 아래 이곳저곳이 밭으로 일궈져 있기 때문이다.

"마늘, 취, 콩, 팥, 고추 우리 먹을 건 다 여기서 길러요. 나무 그늘이 지만 그래도 잘 자라요. 요새는 유기농 기술도 많이 발전하고 친환경 자재도 많이 나와 있는데, 나는 뭘 억지로 어떻게 하기보다는 자연 그대로 조화를 이루게 하자 생각해요."

이렇게 하는 데에는 가족들이 먹을 양식을 자급할 요량도 있지만 토종씨앗을 채종하려는 목적도 있다. 거실에는 십여 가지 콩과 팥 등 올해 채종한 종자들이 잘 갈무리되어 있었다. 약용으로 쓰는 토종 팥이라며 짙은 회색이 도는 '재팥'을 일러주었다. 토종씨앗 갈무리는 단짝인 김영문 씨가 한 수 위라고 한다. 김영문 씨는 지금도 백여 가지 이상의 씨앗을 수집해놓고 있다. 우리 종자며 농자재며 모두 다국적기업들 손에 넘어가고 있는 현실을 생각하면 이들이 하는 일은 머잖아 그 의미가 도드라질 것이다.

"이 밭에 있는 배 종자는 대부분 신고예요. 일본 사람들이 왜정 때부터 퍼트린 걸로 우리나라 배가 대부분 이것이잖아요. 그런데 신고는 자가수분이 안 돼요. 열매 맺으려면 다른 꽃가루로 수분을 해 줘야 해서 스무 그루에 한 그루씩 추황이라는 종자를 심어 놨어요."

언뜻 보기에 가운데가 아래쪽으로 불룩하게 솟아 있어 조금 못생긴 배와 익숙하게 보아 온 둥그스름하고 큼직한 배 두 개를 가져와서는 대충 깎아서 먹어보라고 했다. 뜻밖에도 얼룩덜룩 표면에 검은 반점이 잘 생긴다는 못생긴 배가 훨씬 더 달고 아삭했다. 이것이 추황이다. 그런데, 이병주 씨처럼 추황과 신고를 과수원에 섞어 심어 자연수분을 하는 경우는 이제 드물다고 한다. 대개는 꽃가루를 사다가 인공수분을 한다. 국산 꽃가루는 20g들이 한 봉지에 6만 원에서 8만 원가량인데 중국산은 1만 7천 원밖에 안한다. 이 때문에 중국산 꽃가루를 쓰는 일이 많아졌다. 중국산 꽃가루가 값은 싸지만 과연 이래도 되는 것인지 우려하는 이들이 많다. 사고파는 일만 생각하면 농사도 생산 단가를 낮추는 쪽만 바라볼 수밖에 없을 것이다. 배 농사도 예외는 아니다. 더 경쟁력을 갖추라고, 더 효율이 높은 존재가 되라고, 서로를 채근하는 일이 논밭에서도 고스란히 확산되고 있다.

남편은 농사짓고 아내는 장에 내고

수확이 끝나고 서리가 내려도 배나무는 계속 가지를 뻗는다. 엄동설한에는 잠시 주춤하겠지만 겨울에도 생장을 멈추지 않는다. 농부들은 봄이 오기 전에 퇴비를 넣어 땅심을 살리고 가지치기를 한다. 어떤 가지를 살려서 결실을 맺게 할지는 햇빛을 받는 방향, 작업의 편의성 등을 종합적으로 고려한다. 이병주 씨는 본능처럼 익숙하게 나무의 상태를 살피고 가지를 솎아 준다. 가지만 잘 관리하면 백 년도 더 된 배나무도 왕성하게 결실을 맺는다고 한다. 나무 한 그루에 뻗어 있는 큰 가지만도 여러 개고 거기서 뻗어나는 줄기는 수백 개가 넘는데 전지가위로 이들을 솎아 내면서 결

실을 맺을 가지를 골라내려면 얼마나 손이 많이 갈까?

"일손을 돈 주고 빌린 적은 없어요. 사람마다 일하는 방식이 다르고 나는 내 나름대로 해야 성에 차니까. 한창 바쁠 때는 새벽 세 시면 일을 시작해요. 아침 여덟 시까지 그날 할 일을 다 해 놓고, 한살림 회의도 가고 교육도 가고 바깥일을 봐요."

배밭에 선 채 한참을 이야기하던 그는 사오 리가량 떨어진 장터로 아내를 데리러 갔다 와야 한다며 경운기 시동을 걸고 떠날 채비를 했다. 전의면에 서는 오일장은 파장 무렵이라 한산했다. 남편의 얼굴을 보자 종일 장마당에 앉아 있었을 아내 심점순 씨 얼굴 가득 환한 웃음이 번졌다.

"혼인한 지 40년도 넘었어요. 1970년인가, 이 마을에 살던 작은어머니 소개로 시집을 왔는데, 그땐 차도 안 다니고 전기도 없는 시골이었지."

서울에서 직장생활을 하던 심점순 씨는 몇 번 만나보지도 않고 남편의 됨됨이가 믿음직해 보여 혼인을 결심했다. 여느 장날처럼 이들 부부는 어둠이 짙어가는 들판을 달려 집으로 돌아왔다.

"저 사람이 서울서만 살아서 농사일 힘들까봐 농사는 내가 혼자 해요. 시골 와서 고생하니까 지금도 내가 아껴 주려고 해······."

쑥스러운 표정으로 말끝을 흐렸다.

그는 아내를 무사히 귀가시킨 뒤에야 마을 한쪽에 있는 교육장에서 열리는 한살림생산자 고송공동체 월례회의에 참여했다. 20가구가 참여하고 있는 고송공동체라는 이름은 그가 사는 송성리와 10여 km 북쪽에 있는 소정면 고등리 두 마을 이름에서 한 글자씩 모아 지은 것이다. 20여 년 된 이

공동체를 그는 한 살 위인 김영문 총무와 함께 조직하고 이끌어 왔다. 붙박이 회장과 총무에 대한 회원들의 신뢰는 거의 절대적이라고 한다. 시장 농산물 값이 폭등하는 일이 잦아지면서 공들인 유기농 농산물이 관행재배 농산물보다 오히려 헐한 값으로 한살림에 내는 일도 종종 생긴다. 한살림은 시장가격 등락에 상관없이 약속한 값에 물품을 내고 책임있게 소비하기 때문이다. 당장 얼마 더 받겠다고 약속을 어기고 시장에 출하한 회원들은 지금까지 없었다. 마을의 대소사를 공동체 회원들이 함께 의논하고 힘 모아 치르는 것은 물론이다.

투명한 직거래 위해 결성한 고송공동체

한살림이 처음 출발하던 1986년부터 이병주 씨와 김영문 씨는 쌀과 된장, 엿기름을 한살림에 냈다. 이병주 씨는 서울 제기동 한살림농산 첫 가게에 대한 기억을 또렷하게 간직하고 있다. 한살림 초창기인 1980년대 중반, 이 마을에서 유기농사를 짓던 이들은 전의신협에 물품 출하를 의탁했다. 따로 운송수단이 있는 것도 아니라서 그 수밖에 없었다. 그러나 시간이 흐르면서 전의신협이 중간이윤을 너무 많이 떼는 것을 알게 됐다.

"쌀 한 가마에 2만 원씩을 떼지 뭐유. 우리가 전부 3천 가마 냈는데, 중간에 떼는 돈만 얼마야. 그 돈으로 농민들 교육을 시켜 주든가 뭐 보람 있는 데 쓰는 것도 아니고."

그뿐 아니라 전의신협이 내던 된장에 쓰인 콩 인증도 투명하지 않아 문제가 되었다. 친환경농산물에 대해 정부에서 인증제도를 도입하고 관

"저 사람이 서울서만 살아서 농사일 힘들까봐 농사는 내가 혼자 해요. 시골 와서 고생하니까 지금도 내가 아껴 주려고 해……."

리를 시작한 것은 2001년부터다. 법과 제도가 생기기 훨씬 전부터 한살림은 유기농·무농약 농산물에 대해 생산자와 소비자 사이의 신뢰를 기반으로 스스로의 기준에 맞춰 직거래를 해 왔다. 생산자들은 영농일지를 꼼꼼히 기록하며 어떤 농자재를 쓰는지 기록하고, 실무자와 소비자들이 빈번하게 생산지를 방문하면서 신뢰를 다지고 작물의 안전성도 검증해 왔다. 신뢰가 흔들리면 관계는 지속될 수 없다. 한살림도, 농민들도 전의신협이 중간에서 하는 거간을 더는 원하지 않게 되었다. 대신 신념 있게 유기농업을 고수해 온 이병주, 김영문 두 사람이 앞장서서 공동체를 결성하고 한살림과 직거래를 시작했다. 고송공동체는 이렇게 시작됐다. 2000년경의 일이다.

"내가 굉장히 복 받은 사람이라고 생각해요. 한살림 이전에는 유기농 사짓는다고 어디서 알아나 줬나요? 그저 가족들끼리 나눠 먹고 말았지. 그런데 한살림이 생겼잖아요. 박재일 회장님을 처음 만난 일도 잊을 수 없어요. 얼마나 소탈하시던지, 식당에 가서 밥을 먹으면서 '우리는 뭐든 우선은 감사하게 먹어야 해요. 농약 친 것도 먹고 우선은 남들과 어울려야 해요.' 이렇게 말씀하시던 게 기억에 남아요. 유기농업에 대한 신념이 그토록 강한 분인데도 말이죠."

인터뷰 말미에 그는 이런 말을 했다.

"언젠가 먹을거리 전쟁이 벌어질 겁니다. 외국농산물을 사다 먹고 싶어도 그럴 수 없는 날이 올 거예요. 나는 자식들한테 다만 얼마라도 꼭 땅을 유지하라고 말해요. 땅이라도 있어야 뭐라도 심어서 목숨을 연명할 게 아녜요. 지도자들이 잘못하는 것 같아요. 우선은 곶감이 달지 몰라도 이런 식으로 오래 지탱하지는 못해요. 싸게 사다 먹을 궁리만 하지 식량자급에는 관심들이 없잖아요."

어디 농민이
땅을
놀린답디까?
경동호

충북 괴산 칠성유기농공동체

흥겨운 타작마당인데 어쩐지 그의 얼굴에 그늘이 드리워져 있다. 괴산군 칠성면 사평리에 사는 농부 경동호 씨가 차조를 탈곡하는 11월 상순 그의 집을 찾아갔다. 갑자기 쌀쌀해진 기온이 겨울을 느끼게 했다. 낮게 드리운 하늘, 마당가에 우람하게 버티고 선 느티나무는 바람 불 때마다 곱게 물들인 잎을 우수수 떨구고 있었다.

포장된 알곡들만 봐 왔을 뿐 꽤 넓은 마당 가득 수북하게 쌓여 있는 조이삭 무더기는 난생 처음 보는 광경이었다. 이날은 또 국립식량과학원 기능성작물부에서 의뢰해 개발한 '잡곡 전용 탈곡기'를 시연하는 날이기도 했다. 십수 명의 농촌진흥청 공무원들이 농가 마당을 빼곡하게 채운 일도, 관에서 유기농 잡곡농사를 짓는 농가에 관심을 기울이는 것도 불과 몇 년 전에는 상상하기 어려운 일이었다. 어떤 식으로든 농사 환경은 급격하게 변하고 있다. 덩달아 친환경농사나 잡곡을 바라보는 사람들의 시선도, 정부의 정책도 달라지고 있는 모양이다. 작업 모자를 눌러쓰고 팔 토시를 한 작업복 차림의 경동호 씨는 분주히 탈곡기에 조이삭을 밀어 넣기도 하고, 트랙터를 모는가 하면, 어느 틈엔가 막걸리통과 두부찌개 냄비를 들고 와 사람들에게 술잔을 돌리느라 분주하다.

척박한 산촌에서 생명 이어 주던 작물

그가 열여섯 살 때 부모님을 따라 이사 온 뒤부터 살아왔다는 집은 괴산군 칠성면 사평리 칠성중학교 뒤편에 있었다. 완만하게 휘돌아 흐르는 개울에 잇닿아 있는 마을은 젖을 물고 있는 아이처럼 평화로워 보였다. 하천

개발이니 수해 방지니 하면서 돈을 쏟아부으며 하천과 마을사람들을 격리시키고 있는 일들을 떠올리면 지레 초조한 마음이 들었다. 평화로운 이 풍경이 언제까지 지속될 수 있을까?

 사람이나 작물 할 것 없이 땅에 기대 사는 뭇 생명들이 모두 함께 힘든 시절을 보내고 있다. 일 년 내내 기괴하다 싶도록 불순한 날씨에 시달렸을 텐데 용케 여물어 있는 이삭들이 여간 기특해 보이지 않았다. 경험 많은 농부가 뚝심 있게 땅과 호흡하며 기상이변을 뚫고 맺어 놓은 결실일 것이다.

 보리, 밀, 조, 피, 기장, 수수, 옥수수, 메밀, 콩, 귀리, 호밀 등을 흔히 잡곡이라고 한다. 쌀이든 잡곡이든 모두 풀씨의 일종이었을 테지만 여하튼 주곡과 잡곡의 서열은 이렇게 굳어져 있다. 고려 때까지는 아예 콩이 주식이었다고 하고, 남녘 사람들은 보리, 북녘 사람들은 조나 기장과 피를 주식으로 먹었다고 한다. 경동호 씨도 어린 시절 좁쌀로만 지은 밥을 먹는 게 예사였다. 좁쌀, 보리쌀이라는 말들은 쌀에 대한 포한 때문에 그렇게 자리 잡았을 것이다. 그러나 어찌 되었든 조나 기장 등은 척박한 산촌 사람들에게 생명을 이어주는 작물이었다. 쌀을 다행히 자급할 수 있게 된 뒤로 가난의 상징과도 같은 잡곡들이 급격히 사람들의 관심에서 멀어졌다. 경작 면적도 사오 년 전까지만 해도 꾸준히 줄어들다가 최근에야 국내산 잡곡의 효능 등에 관심이 높아지면서 조금씩 다시 늘고 있다고 한다.

 "정부에서 노골적으로 쌀농사를 줄이고 있던 차에 동생이 권유하기도 했고, 이대로 논농사만 지을 게 아니다 싶기도 했어요. 논에다 벼 대신 수수를 심었더니 사람들이 다들 신기하게 생각해요. 수수를 먹으려고 심는 이들은 없고 빗자루나 하려고 논가에 잠깐 심고 그랬지."

　　괴산잡곡이 우리나라 유기농 잡곡의 명맥을 잇게 된 순간이 그렇게 시작되었다. 그가 말하는 동생이란 얼마 전까지 '군자농산'으로 불리던 '괴산잡곡영농조합법인'의 경종호 대표를 말한다. 경동호 씨가 이끄는 '괴산잡곡 작목회' 농부들이 농사지은 곡식들은 그의 동생 경종호 씨가 운영하는 괴산잡곡으로 모아 정선하고 소포장을 한 뒤 대부분 한살림 소비자들에게 보내진다.

경찰을 집 앞에서 기다리게 한 농민운동가

경동호 씨는 괴산을 농진청에서도 주목하는 중요한 잡곡생산단지로 가꿔 왔지만, 이웃들에게 그는 단순히 작목반의 대표만은 아니었다. 그는 괴산군 최초로 칠성면에 농민회를 만들었고 직선제가 관철된 뒤 칠성면 단위 농협 조합장을 지내기도 했다. 말하자면 그는 괴산 지역의 대표적인 농민운동가 가운데 한 사람이다.

　　"과수농사를 했는데, 부리던 소 한 마리만으로는 거름이 충분하지 않아서 소를 키우려고 알아보러 우시장을 다니다가 농촌개발회에 대한 이야기를 들었어요."

　　농촌개발회란, 미국 메리놀 선교회에서 파견한 천주교 청주교구 소속 신부들이 가난으로 고통 받던 농촌을 위해 1968년 괴산군 소수면, 지금의 눈비산마을에 세운 충북농촌개발회를 말한다. 그는 교육을 시켜 준다는 말을 듣고 농촌개발회를 찾아갔다. 그러나 칠성면은 대상 지역이 아니라고 했다. '그러거나 말거나 배우겠다고 찾아간 사람을 마다하겠나?' 싶어 교육에 참여했다. 그때 배운 내용을 밑천으로 한동네 친구, 후배들과 함께 축산반을 만들었다. 1952년생인 그가 채 서른도 되기 전의 일이다.

1987년, 서슬 퍼렇던 전두환 치하에서 그는 칠성면농민회를 조직했다. 괴산군에서 처음으로 생긴 면단위 농민회였다. 이를 기점으로 다섯 개 면에 농민회가 잇달아 조직되고 괴산군농민회도 만들어졌다. 심하면 경찰이 지나가는 주민들의 따귀를 치기도 하던 권위주의 통치 시절 농촌에서 주장이 분명한 농민회가 생겨난 일은 작은 사건이 아니었다.

"수세 폐지 싸움 때는 방앗간 벽에다 대자보를 붙이고 마을 사람들한테 전부 서명을 받았지, 어떤 해에는 한 해에 열네 번이나 상경 투쟁을 하기도 했어요."

관에 맞서는 일이 상당한 용기와 희생을 요구하는 일이라는 것을 우리는 안다. 하물며 그 시절에는 어땠겠는가? 애써 서명을 받아 놓으면 경찰이나 면에서 압력을 넣어 다음날 찾아와서 서명을 철회하겠다고 하는 일도 심심찮게 벌어졌다. 집회 참석을 방해하기 위해 경찰이 집 문 앞에서부터 그를 막아선 일도 잦았다.

"어려운 일을 많이 겪었지만 이룬 것도 많아요. 오래 걸리기는 했지만 1999년에 수세는 완전히 폐지됐고, 사료에 부가되던 부가세도 폐지되고 농협 직선제도 관철시켰고. 농민들에게 불리한 건강보험료는 여전히 문제이지만 말이에요."

농민운동에 청춘을 바쳤다고 할 수 있는 그에게 1989년 2월 13일 여의도 농민집회의 기억은 강렬하게 자리 잡고 있었다. 쌀 수매 가격 인상, 수세 폐지 등을 내걸고 여의도에서 벌어졌던 집회에는 괴산에서만 무려 버스 12대가 서울에 올라갔다. 그만큼 괴산 지역 농민회는 탄탄하게 뿌리를 내리고 있었다.

"분노한 농민들이 전국에서 모였는데, 그래도 불길이 거세지고 하니까, 이건 좀 아닌데 싶기도 하더라고."

지난 일을 회상하는 말에서 그의 성정이 읽혀졌다. 지금이라고 해서 농촌의 현실이 근본적으로 달라진 것은 아니다. 하지만 지금 그는 거리에 나가 외치는 일보다는 땅과 작물의 요구를 섬세하게 살피고 이웃의 늙은 농부들을 돕는 일에 관심이 더 많다.

"농촌에 희망이 없으니까 전부 농사를 포기하고 도시로 나가는데, 이래서는 안 되겠다 싶었어요. 불이익을 강요당하는 농민들 권리를 위해서도. 그렇지만 더 나은 세상을 위해 노력해야겠다는 생각이 컸어요."

1970~80년대에는 소 사료를 농협이나 수의사들이 운영하는 가게에서 주로 팔았다. 축산반을 꾸린 그는 사료를 좀 더 싸게 사야겠다는 생각에 천안에 있는 우성사료, 세원사료 같은 공장들을 찾아가 직거래를 시작했다. 또 건조기가 흔치 않던 시절에 방안에 화덕을 피워 고추를 말리는 데 쓰던 연탄뿐 아니라 고추끈 같은 농자재들과 소금도 축산반에서 직거래했다. 이런 일들이 괴산소비자협동조합의 기반이 되었다. 직거래를 통해 공동구매를 하는 과정에서 서로 이해관계가 엇갈리고 농협과 갈등도 생겨났다고 한다. 다른 지역과 마찬가지로 괴산에서도 농민들은 자신들의

조합인 단위 농협 대표를 자기 손으로 직접 뽑아야겠다고 줄기차게 요구했다. 직선제가 도입된 뒤 그는 농민회 회원들이 강권하다시피 해 칠성면 단위 농협의 조합장을 맡기도 했다.

세운 뜻을 따라 삶의 방향을 정한 힘

탈곡기 시연회가 끝나고 농촌진흥청 공무원들이 돌아간 뒤, 이내가 깔리면서 마을에는 다시 정적이 내렸다. 채 못 다 탈곡한 조이삭을 덮어 놓고 집 안으로 자리를 옮겨 이야기를 나누고 있으려니 그보다 두 살 아래인 아내 조영주 씨가 들일을 마치고 들어왔다. 남편이 지난 세월 힘난했던 이야기를 하는 동안 아내는 저녁을 준비하며 알 듯 말 듯한 미소를 머금었다. 축산반을 하던 경동호 씨는 기어이 1988년, 〈한겨레신문〉이 창간된다는 소식을 듣고는 생업을 모두 접고 괴산지국을 운영한 적도 있다.

"농민회에서 찌라시를 얼마나 많이 돌려? 그래도 사람들이 도통 믿어야 말이지. 그런데 〈한겨레신문〉이 창간된다니까 신문에 난 얘기는 믿겠다 싶었지."

국민모금으로 진행되던 창간운동에 주주로 참여하고 서울에 찾아가 스스로 지국을 운영하겠다고 제안했다. 유료 독자가 몇 명 될 리 없던 그때, 키우던 소까지 다 처분하고 지국을 차렸다. 남편은 읍내에 직접 신문을 돌리고, 아내는 띠지를 둘러 우체국에 가지고 가서 부치는 일을 4~5년쯤 계속했다. 그러나 운영난 때문에 끝내 손을 들고 말았다. 그들 부부가 겪었을 곤란이며 답답한 일이 얼마나 많았을지 가늠할 수 있는 대목이다.

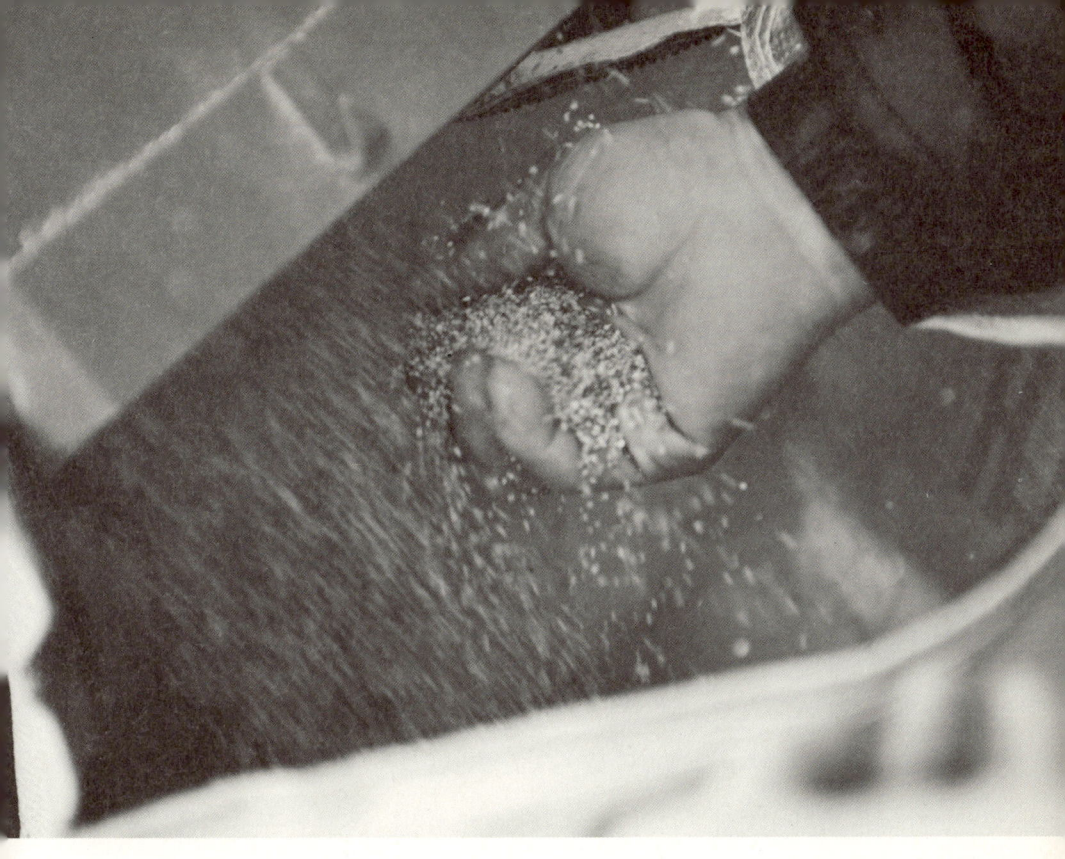

고된 잡곡농사를 노인들이 겨우 지탱하고 있는 것이다. 이 때문에 경동호 씨가 밭에 거름을 뿌려주고 수확한 곡식들을 모아다가 건조시켜 출하까지 하지 않으면 이제 잡곡농사는 명맥이 끊길 처지에 놓여 있다.

"안식구한테 혼도 났지만…….." 지나가는 말처럼 경동호 씨가 말한다. 우리 사회가 그나마 대통령을 선거로 바꿀 수 있고, 마음껏 권력을 향해 비판할 수 있게 되기까지 방방곡곡 참으로 많은 사람들이 온 삶을 다 바쳤다는 것을 역사는 분명하게 기록해야 할 것이다.

그는 언뜻 보기에도 골격이 단단하고 얼굴 윤곽이 뚜렷해 전형적인 농민운동가가 이런 모습이겠구나 싶은 풍모를 가졌다. 환갑에 가까운 나이지만 충치 하나 없고 치열도 고르다. 아직도 맨눈으로 깨알 같은 신문 글씨도 그냥 읽는다. 그는 "부모님께 몸 하나는 완제품으로 물려받았다"고 했다.

이들 부부는 1975년에 혼인했으니 올해로 35년째다. 청주에서 직장생활을 하는 큰아들과 군대에 갔다 와 대학졸업반인 둘째 아들이 있다. 큰아들이 낳은 다섯 살짜리 손녀와 두 살짜리 손자 사진을 볼 때면 부부 얼굴에 환한 웃음이 번진다. 만약 자식들이 당신처럼 그렇게 고단한 운동가의 길을 가겠다고 하면 그러라고 권하겠느냐고 질문했다. 잠시 침묵하던 그가 대답한다.

"옳지 않은 것은 옳지 않다고 말하는 게, 비록 어려움이 있더라도, 잘 사는 게 아니겠소? 그런 면에서 자기 소신대로 살자면 어디 매인 몸으로는 어려울 것 같고, 나야 누가 뭐랄 사람 없는 농사꾼이니까 가능했지."

그는 어떻게 살 것인가를 뜻대로 정하려면 먼저 자기가 어디에 있어야 할지를 결정해야 한다고 했다. 간단한 말 같지만 이익이나 돈벌이가 아니라 스스로 세운 뜻을 따라 삶의 방향을 정하고 완강하게 밀고 온 그가 하는 말에는 가슴을 울리는 힘이 있었다.

이대로 끝나버릴지 모를 우리 잡곡농사

1970년대 초, 김포공항이나 여의도, 잠실이 개발될 때 그는 이웃 사람과의 인연으로 잠시 덤프트럭 기사가 되어 그 현장들을 누빈 적이 있다. 잠시 떠나 있던 그 순간을 제외하면 그는 평생 나고 자란 땅에 뿌리내리고 농사를 지어왔다. 농민회장이나 농협조합장을 했던 것도 그가 생각하는 바른 농사를 짓자니 피할 수 없는 일이었다. 동생 경종호 씨가 운영하던 군자농산 일을 거들던 당시의 인연으로 한살림을 만났다. 그러나 이미 그전에 농민운동을 하면서, 지금은 고인이 된 박재일 한살림 회장을 먼저 만났다.

"한없이 온화하고 여유 있는 분이었어요. 그러면서도 사회를 보는 눈은 정확하고 철학이 깊고 심지가 굳어 존경스러웠지요."

충북농촌개발회와 1980년대 오원춘 사건이나 쌀 생산비 조사 운동같이 농민운동사에 중요하게 기록된 현장들에서 가톨릭농민회 회장을 지낸 고 박재일 씨를 만난 것이다. 돌아가신 분 이야기를 하다 보니 좀처럼 감정 표현을 할 것 같지 않은 그의 얼굴이 슬픈 표정이 되었다. 박재일 회장의 장례식 전날, 괴산지역 농민들이 솔뫼마을에 모여 행사 점검을 마쳤는데, 그만 둘째 아들이 목뼈가 부러지는 사고를 당했다는 소식이 날아들었다. 그 바람에 정작 장례식에 참석하지 못했다며 안타까워했다. 그는 1989년 무렵, 한살림연합 조완형 전무를 만난 일도 어제처럼 생생하게 기억하고 있다. 당시 구매담당 실무자이던 조완형 전무가 전화로 주문을 하면,

경동호 씨는 서울 대치동에 있던 한살림 사무실로 물품을 부치기 위해 괴산 읍내로 나가곤 했다.

경동호 씨는 작년 가을 괴산의 생산자들과 함께 서울 어느 백화점의 친환경 매장과 다른 생협 매장에 가 보았다. 가격을 비교하면 한살림 잡곡이 그곳들에 비해 훨씬 쌌다. 기억에 남는 것은 아이들 손을 잡고 줄 서서 장을 보는 한살림 도시 소비자들의 모습이다. 시장에서 알아주지도 않는 유기농을 고집한 생산자 농민들 못지않게, 한살림의 1세대 소비자들은 가격이 아니라 가치를 따지면서 농민들을 응원했다. 돈과 시장의 논리로는 설명할 수 없는 이 신뢰 관계가 오늘의 한살림을 가능하게 한 것이다. 한살림이 뿌리내리고 난 뒤 이를 모델 삼아 다른 생협들이 생겨났고 이러한 토양이 생겨난 뒤 정부에서도 농림부에 친환경농업과를 설치하고, 관련법을 제정했다. 2001년에야 친환경농산물에 대한 정부인증 제도가 비로소 실시되어 친환경농업에 대한 우리 사회의 법과 제도가 마련되었다.

"아이들 손잡고 장 보는 소비자들을 보면서 가슴이 뭉클했어요. 이미 1세대 소비자들이 낳은 아이들이 주부가 되고 새 세대 조합원이 되고 있잖아요."

그는 대를 이어가며 한살림에서 장을 보는 조합원들을 만나면 안전한 먹을거리를 길러 내고 있다는 자부심도 새삼 느낀다고 했다.

이제 기후변화는 이상 현상이 아니라 숙명 같은 일상이 되었는지도 모른다. 괴산에도 벼는 30%가량, 작물에 따라 차이가 있지만 잡곡은 적어도 50% 이상 수확이 감소된 것 같다고 한다. 여름 내내 내린 비 때문이다.

2010년 한살림생산자연합회가 조사한 바에 따르면 그해 예년에 비해 45% 가량밖에 수확하지 못했다. 서리태와 녹두는 70% 정도 줄었고 수수와 조 같은 화분과작물은 50%나 줄었다. 이 때문에 시장가격은 폭등했다. 수집상들이 관행농 잡곡을 1kg에 5천820원에 사가는 이때, 괴산잡곡이 한살림에 내는 가격은 이보다도 싸다.

벼는 이앙기로 심고 콤바인으로 수확할 수 있게 되었지만 잡곡은 몇 곱 더 일손이 간다. 이제야 소형 전용 탈곡기가 개발된 데서 알 수 있듯이 일일이 꼬투리를 까고 검불을 날려 알곡을 골라내기까지 얼마나 잔손이 많이 가는지 모른다. 게다가 괴산잡곡에 참여하고 있는 83세대 회원들 대다수가 70대 이상 노인들이다. 고된 잡곡 농사를 노인들이 겨우 지탱하고 있는 것이다. 이 때문에 경동호 씨가 밭에 거름을 뿌려 주고 수확한 곡식들을 모아다가 건조시켜 출하까지 하지 않으면 이제 잡곡 농사는 명맥이 끊길 처지에 놓여 있다.

퇴비는 겨 70%, 왕겨 30%에 흙살림에서 나오는 미생물인 '골드'를 1t에 두 박스씩 섞어 두어 발효해서 만든다. 이때 온도가 65℃까지 올라간다. 이런 식으로 해마다 100t가량 퇴비를 생산하는데 40t가량만 직접 쓰고 나머지는 공동체 잡곡생산자들의 논밭에 뿌려 준다. 스스로 퇴비를 만들 힘이 있는 비교적 젊은 농부들보다는 70~80대 늙은 농부들의 비탈밭에 먼저 뿌려 준다. 거저 뿌려 주는 것은 아니지만 무슨 이익이 남는 것도 아니다. 3.5t 살포기로 뿌려 주고 9만 원을 받는다. 시중에 파는 퇴비로 치면 한 포에 1천200원쯤 하는 셈이다. 흙살림에서 나오는 균배양체가 한

포에 8천 원, 일반 농가에서 흔히 쓰는 공장형 축분 퇴비가 한 포에 2천 800원인 것을 떠올리면, 그는 만드는 품값도 안되는 돈을 받고도 직접 살포까지 해 주면서 생명이 살아있는 잡곡 경작지를 유지하기 위해 갖은 애를 쓰고 있다.

이런 일들 때문에 한해살이가 분주하다. 가을 추수가 끝난 뒤부터, 알곡을 털고 남은 대궁 등 농사 부산물들로 퇴비를 만들기 시작해 이듬해 2월에는 보리밭에 웃거름을 주고 4월이면 옥수수를 밭에 심는다. 4월 10일 전후로는 볍씨를 소독하고 못자리를 만든다. 5월 하순부터 6월 상순쯤 차조를 밭에 심는다. 그 무렵인 5월 25일 전후에는 모를 낸다. 그러고 나서 잠시 숨을 돌리지만 6월 중순께는 바로 보리 탈곡을 하고 7월 초에는 콩을 심는다. 그 뒤로는 쉴 새 없이 김매기를 해야 한다. 7월 중순부터 열흘가량은 옥수수를 수확한다. 9월 중순부터는 수수를 수확하고 10월에 조를 수확한다. 10월 중순에는 벼를 베고 보리를 파종한다. 10월 하순에는 콩을 베어 둔다. 밭에서 잠시 말려 두었다가 11월 10일께는 콩 탈곡을 시작한다. 그런데 올해는 이상기후 때문에 녹두 같은 경우는 아예 수확을 전혀 못한 생산자도 있고, 대개 절반가량 줄어든 수확을 감수해야 했다. 흥겨운 타작마당에서 그의 얼굴에 드리웠던 수심은 이런 상황 탓일 수도 있었다.

더러 귀농하는 젊은이들이 있기는 하지만 이들 역시 생계 때문에 어느 정도 소득을 올릴 수 있는 원예나 과수·축산 농사에 몰리고 있다. 잡곡 농사가 걱정되지만 젊은이들에게 선뜻 이 농사를 지으라고 권하기가 망설여진다고 했다. 정부나 농협에 대한 기대는 접어놓았다 해도, 한살림에서만

올해는 이상기후 때문에 녹두 같은 경우는 아예 수확을 전혀 못한 생산자도 있고, 대개 절반가량 줄어든 수확을 감수해야 했다. 흥겨운 타작마당에서 그의 얼굴에 드리웠던 수심은 이런 상황 탓일 수도 있었다.

이라도 잡곡농사를 지속하기 위해 대안을 마련해야 하는 게 아닌가 하고 그는 말한다. 고령화된 농부들은 비교적 농사가 쉽고 소득도 좋은 서리태나 수수는 선호하지만 잘 넘어지는 기장이나 기후에 민감한 녹두, 콩나물콩, 약콩, 팥 등은 심기를 기피한다. 작물마다 한살림과 약정하는 양이 정해져 있기 때문에 이들을 고르게 형편에 맞게 나눠 심도록 하는 것도 작은 일이 아니다.

2010년 여름 배춧값이 잠시 올랐다고 국내산으로 생산 물량을 확보하려는 노력은 기울이지 않고 앞장서서 관세도 면제한 채 배추를 수입하는 이런 정부를 믿을 수 있겠는가? 그는 울컥한 마음에 '그래. 3년만 이대로 농사를 망쳐봐야 우리 사회가 정신을 차리지' 하는 생각도 들었다고 한다. "정말 그래서는 안 되는 것이고, 어디서든 애를 써서 균형을 맞춰야 하는 것이지만 말이야." 그는 안타까운 표정으로 말을 잇지 못했다.

농사는 단순히 가격을 비교하고 눈앞의 수익만을 따져서는 지속할 수 없다. 농민들은 당장에 이득이 안 남는다고 해서 논밭을 놀리지 않는다. 그가 잠시 흥분했던 것처럼, 시장이 농민들의 이런 처지를 이용해 수탈하고 있다고 하면 지나친 말일까?

괴산잡곡의 늙은 농부들이 잡곡농사를 지탱해 온 것은 당장의 어떤 이득 때문에 그런 것은 아니었다. 나서 자랄 때부터 쌀처럼 거의 주곡으로 먹어온 것이었고, 대개 산간 지역인 그 지역의 기후와 토양에도 어울리기 때문에 묵묵히 비탈밭을 갈아 손길 많이 가는 농사를 유지해온 것이다. 셈이 빠른 사람들처럼 이 농부들마저 좀 더 돈을 많이 벌 수 있는 일을 좇았다면 이미 우리 잡곡은 멸절됐을 것이다. 최근에 와서 우리 잡곡의 영양과 가치가 새로 관심을 끌고 있다니 그나마 다행이다. 다시 돌아올 수 없는 지경에 이르기 전에 돌이켜 생각해 볼 여지가 생겼다니 말이다. 그러나 경동호 씨는 시름을 완전히 내려놓지는 못하고 있다.

씨를 뿌리다

최병수 서순악 임선준

누군가는
이 농사 유지해야
나중에 더 많은
이들이 먹겠지?

최병수

경북 상주 햇살아래공동체

기후 때문에 사람도 작물도 몸살을 앓고 있다. 지난겨울 혹독한 추위가 올봄까지 이어지더니 이번 여름은 혀를 빼물고 다녀야 할 만큼 더웠다. 뭔가 불길한 예감마저 느껴질 정도다. 경북 상주 화동면에 사는 농부 최병수 씨를 만나러 가는 날도 달군 가마솥에 물이라도 뿌린 것처럼 뜨거웠다. 입추가 코앞이었지만 여름은 좀체 기세가 누그러들지 않았다. 이른 새벽에 서울을 떠났는데도 공기는 이미 후텁지근하게 달궈져 있었다. 차창을 열어도 흘러들어오는 바람에서 청량한 기운은 전혀 느껴지지 않았다. 내내 에어컨을 틀어 놓고 고속도로를 달리는 마음이 편치 않았다.

괴산에 귀농한 사진기자를 만나 함께 가려고 그의 집을 거쳐 속리산 계곡을 끼고 백두대간을 넘나들며 시골길을 달릴 때에서야 비로소 에어컨을 끄고 차창 밖으로 손을 내밀어 바람결을 느낄 수 있었다. 산길을 끼고 드문드문 펼쳐진 포도밭과 사과밭. 깨끗한 숲과 개울. 어쩐지 안도감이 느껴졌다. 이명박 정부에서 애초에 한반도 대운하 계획을 제시하며 속리산을 스치는 이 지역으로 낙동강과 한강을 잇는 '엘리베이터식' 물길을 내겠다던 것이 떠올라 등골이 오싹해졌다.

괴산을 막 지났을 때 그에게 전화가 왔다.

"우리도 들에 갔다 막 들어왔는데, 밥은 와서 같이 먹읍시다. 촌에 반찬은 없지만 길에서 먹을 게 뭐 있겠소."

삼복염천에 새벽부터 밭에 나가 일하다 들어왔을 그들 부부에게 손님 치레까지 시키고 싶지 않았지만 괴산 청천면을 지난 뒤로는 길에서 이렇다 할 식당을 만날 수 없었다. 일하다 들어와 정신이 없었을 텐데 안주인 김명희 씨는 더운밥에 생선조림까지 갖춘 밥상을 뚝딱 차려 내왔다. 산골에 장보러 다니기도 쉽지 않을 텐데 싶어 마음이 무거웠다. 밥상을 물리기 무섭게 한바탕 소나기가 쏟아졌다. 마당가 포도밭 잎사귀 위로 '쏴아' 소리를 내며 쏟아지는 빗소리가 타악기를 두들기기라도 하듯 경쾌했다.

부부는 대개 새벽 다섯 시면 잠자리에서 일어난다고 했다. 아침을 먹고 밭에 나가 이렇게 점심때까지 일을 하고 집에 돌아와 함께 점심을 차려 먹는다. 포도나무 순지르기나 사과나무 전지를 하는 이른 봄이나 수확철에는 외지에서 온 인부들의 손을 빌려야 하기에 그들과 함께 들밥을 먹기도 할 것이다. 한여름에는 점심을 먹고 나서 더위가 한풀 꺾일 때까지 쉬어야 한다. 그러다 해거름 녘 다시 밭에 나가 온 들녘이 어둠에 잠길 때까지 일을 한다. "여느 농부들이 다 그렇지 않겠는가?" 하루 일과를 묻자 부부는 입을 모아 그렇게 대답한다.

"여가 원래 조상 대대로 살아온 곳은 아니라요. 영덕군 남정면에 지금도 남아 있는 경주 최가 집성촌에서 조부님이 야반도주해서 이리로 오셨대요. 1921년생인 돌아가신 아버님이 여기 와서 태어나셨다니 상주에 정착한 지 90년쯤 됐지요."

독립군에게 군자금을 조달하던 할아버지가 일제와 내통하던 먼 친척의 밀고 때문에 고향을 빠져나와 정착한 곳이 이곳 상주 화동면이라고 했다. 최근에는 고속도로가 종횡으로 뚫리고 도로도 거미줄처럼 깔렸지만 당시에는 상주에서도 백두대간의 북사면에 치우쳐 있는 이 동네는 첩첩산중의 오지였다. 낯선 타관에서 할아버지는 열심히 일한 끝에 기반을 잡았다. 그의 아버지는 영동에서 과학 선생으로 재직하다 마을에 술도가를 인수해 운영하기도 했다. 자랄 때 비교적 유복한 편이었고 아버지가 제5공화국 시절 대통령 선출 대의원을 지내는 등 말하자면 '지역 유지'랄 수 있다고 했다. 그러나 아버지는 학살자를 대통령으로 뽑는 데 동원된 일에 대해 늘 "인생에 오점을 남겼다"고 씁쓸해 했다. 아버지는 당신 아들이 빨갱이 소리를 들어가며 농민회 활동을 하며 동분서주할 때도 적극적으로 반대를 하지 않았다. 다만, "막대기도 불에 달궈 살살 구부려야지, 갑자기 힘을 주면 부러지지." 하는 염려 섞인 말을 건넬 뿐이었다.

산골 농부를 행동하게 한 가톨릭농민회

최병수 씨는 1947년생, 우리 나이로 예순네 살이다. 고등학교 때 상주에 나가 학교를 다녔고 1966년부터는 마을에 돌아와 3년 동안 집안에서 하던 양조장에서 함께 일하다가 1970년에 동갑내기 김명희 씨와 혼인했다. 신혼 때는 서울에 가서 1973년까지 4년 가까이 객지 생활을 했다. 서울 행당동이나 동숭동에 집을 얻어 살면서 경험도 없이 닭튀김집도 열고 양장점도 해보았지만 그다지 신통치 않았다고 한다. 그러나 무엇보다도 신혼인 부부가 고향으로 돌아오려고 결심한 것은 서울살이를 하는 동안은 좀처럼 아이가 들어서지도 않고 들어서도 이내 유산이 되곤 했기 때문이라고 한다. 그렇잖아도 팍팍한 서울에 더는 정을 붙이기 어려워 부부는 고향으로 돌아왔다.

귀향은 효과가 있었다. 돌아온 뒤 이내 아이가 들어서 아들 둘, 딸 하나를 낳았다. 큰아들 최시혁 씨는 화서면 이소리에 있는 한울영농조합법인 공장장으로 일하며 한살림이나 가톨릭에서 운영하는 '우리농'에 포도즙 같은 물품을 내고 있다. 큰며느리와 딸 최시옥 씨는 상주에서 95% 이상 한살림 식재료만으로 친환경 밥상을 차리는 어린이집을 함께 운영하고 있다. 며느리도 아이가 늦게 들어서 좋은 먹을거리를 가려 먹다 보니 자연히 다른 집 아이들도 귀하게 여기면서 몇 년째 건강한 밥상을 차려 아이들 먹이는 걸 낙으로 삼고 있다고 한다. 둘째 아들은 성남에서 식당을 운영하고 있다. 부부는 둘째 아들이 객지 생활을 접고 고향에 내려와 함께 농사를 지으며 살았으면 싶다고 했다. 땅에서 얻는 수익이 도회지에서 사업을 하는 것보다 많기 때문에 그런 것이 아니다. 부부가 고향에 돌아온 뒤에야 세 남매를 낳은 것처럼, 땅에 뿌리박고 사는 일에 돈으로는 환산할 수 없는 가치가 있다고 믿기에 하는 말이다.

최병수 씨는 어릴 때부터 어머니 손에 이끌려 성당에 다니기 시작했지만 세례는 성인이 된 뒤에 받았다. 1969년 5월 29일 교황 바오로 6세는 대구대교구에서 경북 북부 지역을 떼어 안동교구를 설치하고 프랑스 출신 두봉 신부를 안동교구 초대 교구장으로 임명했다. 두봉 주교가 이끈 안동교구는 유교 전통이 강하고 가난한 농민들이 대부분인 지역사회를 위해 농민사목에 힘쓰는 한편 천주교 정의구현사제단과 가톨릭농민회 조직에 앞장섰다. 경찰이나 면직원이 농민들 위에 군림했던 그 시절에 가톨릭농민회는 농민들의 권리 의식을 깨우치고 굽힘 없이 권력의 악행을 질타했다. 이 와중에, 세간에 알려진 '오원춘 사건'이 터졌다. 그릇된 농정에 항의

"처음 낸 사과는 시커멓고 크기도 형편없었죠. 그런데도 한살림 초창기 소비자 조합원들이 대단했어요. 미안해서 도저히 못 내겠다는데도 갈아서 주스라도 만들어 먹겠다며 그걸 다 받아 줬어요. 그분들의 열성이 아니었으면 아마 지속하기 어려웠겠죠."

하던 가톨릭농민회 회원 오원춘 씨를 중앙정보부가 납치해 린치를 가하고 울릉도에 슬그머니 풀어 준 이 사건으로 천주교는 박정희 정권과 격렬하게 대립했다. 이 와중에서 함세웅 신부 등이 구속되고 본래 프랑스 사람이던 두봉 주교가 강제출국 명령을 받기도 했다.

최병수 씨는 1977년에 안동교구 가톨릭농민회에 가입했고 훨씬 뒤인 1982년에 세례를 받았다. 처음에는 신앙보다는 가톨릭농민회가 불의에 항거하며 희생을 마다하지 않는 모습에 마음이 끌렸다. 부지런히 안동교구 가톨릭농민회 활동에 참여하던 게 그의 나이 갓 서른을 넘은 때였다. 이 무렵, 현장에서 한살림 회장과 대표를 역임하게 되는 박재일, 이상국 같은 이들을 만났다. 그는 특히 고 박재일 한살림 회장은 같은 영덕군 남정면 출신인 데다 가톨릭농민회 시절부터 이어온 인연 때문에 "마음속에 남달리 떠올리는 분"이라고 추억했다.

박정희 정권 때나 신군부가 집권한 뒤에도 경찰과 면사무소의 방해 때문에 가톨릭농민회 교육이나 회합에 참여하는 일이 여간 어렵지 않았다고 한다. 마을 청년들을 설득해 열 몇 명이 함께 안동으로 교육을 받으러 가기로 약속을 해도, 막상 당일에 참석하는 사람은 늘 서너 명도 안됐다고 한다. 그나마도 한 번에 터미널에서 버스를 타면 들통이 날까 싶어 띄엄띄엄 흩어져 각기 다른 마을에서 버스에 올라타는 식으로 감시를 따돌리고 숙박 교육에 참여하곤 했다. 가톨릭농민회의 교육은 농민들의 가슴을 뛰게 만들었다. '자본주의의 작동 원리', '농민들이 왜 가난에서 벗어나지 못하는가'. 이런 운동론 강의뿐만 아니라 농가 경영에 필요한 내용들도 많았다고 한다.

　면사무소나 경찰에서는 가톨릭농민회 활동에 열성인 최병수 씨를 공공연하게 '빨갱이'라고 손가락질하며 집에 드나드는 사람마다 어울리지 말라며 협박을 했다. 특히 최병수 씨 내외는 1989년 2월 13일 서울 여의도에서 열린 농민대회를 잊지 못하고 있다. 부당하게 물던 농업용수 사용료(수세) 폐지와 고추 수매를 요구하며 전국의 농민들이 궐기한 이 집회에 대해 정부와 언론은 농민들이 들고 있던 죽창을 부각시키며 불순한 폭력 세력의 난동으로 몰아 강경하게 탄압했다. 최병수 씨의 권유로 마을 사람들이 버스 두 대에 나눠 타고 서울에 올라갔는데 9시 뉴스 화면은 아수라장이 된 집회 현장을 계속 비추었다. 아내 김명희 씨는 죄인이 된 심정으로 길에 나와 "남편 최병수는 못 돌아오더라도 마을 사람들은 무사히 돌려보내 달라"고 기도를 했다. 최병수 씨는 1988년부터 한살림 생산자가 되었지만, 한편으로는 1998년 전후로 상주농민회 회장도 역임하면서 농민회 활동도 꾸준히 이어왔다.

약 친 포도를 누구 먹으라고 내겠나?

이제는 친환경농산물이니 유기농이니 하는 말이 그다지 별스럽지 않은 세월이 되었다. 대기업이 운영하는 유통업체들도 경쟁적으로 친환경농산물 코너를 운영하고 있다. 그러나 외양이나 표시한 성분이 비슷할지 몰라도, 그런 먹을거리가 세상에 퍼질 수 있게 고난의 길을 앞서 닦아온 이들이 내는 물품에 담긴 의미와 역사성마저 베끼기는 어려울 것이다.

부부의 선량한 얼굴을 보고 있자니 땅에다 차마 모진 제초제를 칠 수 없었던 것은 그와 그의 아내가 타고난 심성 때문이었겠다 싶었다. 서울살이를 접고 고향으로 내려와 농사를 막 시작한 무렵 그이에게 친구가 오골계 몇 마리를 키워보라고 주었다고 한다. 그런데 제초제 친 곳에 풀어놓은 닭들이 하나둘 간이 부어오른 채 죽어가기 시작했다. 그걸 보고는 도저히 농약을 칠 엄두가 나지 않았다고 한다. 맹독성 농약을 쓰는 이른바 관행농업에 대해 회의가 깊어지던 무렵 때마침 가톨릭농민회에서도 효소와 미생물을 이용하는 대안 농업을 모색하는 움직임이 일었다. 최병수 씨도 1987년 무렵부터 왜관에 있는 성 베네딕도수도원에서 최종명 수사 등이 진행한 교육에 참여하는 한편 경북대학교 농업대학을 찾아가 친환경농업에 대한 기술 자문을 구하기도 했다. 강원도 횡성의 공근공동체에 살던 정희선 씨의 경우처럼 농약을 안 치고 농사짓는 이가 있다는 소식을 들으면 전국 어디든 찾아가 기술을 전수받으려고 애썼다. 이 무렵 왼쪽 발의 엄지발가락을 포함해 발가락 세 개가 뭉텅 잘려나가는 사고를 당하기도 했다. 나무를 분쇄기로 잘라 발효퇴비를 만들다가 당한 일이다. 한살림이 출범했다는 소식을 접한 것도 그 즈음이다. 지금도 '햇살아래공동체'를 함께하고 있는 조성용, 김세식 씨와 함께 생산자 공동체를 이뤄 1988년부터 한살림에 포도와 사과를 내기 시작했다. 농약 없이 농사짓느라 갖은 고생을 했지만, 지금 생각하면 당시에 자신이 생산한 사과는 도저히 돈을 받을 수 있는 수준이 아니었다고 한다.

"시커멓고 크기도 형편없었죠. 그런데도 한살림 초창기 소비자 조합

원들이 대단했어요. 미안해서 도저히 못 내겠다는데도 갈아서 주스라도 만들어 먹겠다며 그걸 다 받아 줬어요. 그분들의 열성이 아니었으면 아마 지속하기 어려웠겠죠."

소비자들의 응원에 힘입어 죄책감 없이 깨끗한 농사를 지었다. 자부심은 컸지만 대가는 혹독하게 치렀다. 사과를 출하하고도 처음 몇 해 동안 얻은 수익은 연 500만 원 남짓이었다. 생산 비용이 그보다 두 배는 더 들었다. 생활을 지탱할 수 없어 아내 김명희 씨는 추풍령 휴게소 농산물판매소에 판매원으로 나가 생활비를 벌충해야 했다. 고속도로 휴게소까지 출퇴근을 하자니 새벽에 일어나 과수원 풀을 밀고 아침 8시 반 버스로 출근해 밤 10시 반 막차로 귀가하기가 일쑤였다. 큰아들이 중학교 다닐 때인데 학비를 대기도 벅찼고 집안 살림도 말이 아니었다. 아내 김명희 씨는 감회 어린 표정으로 당시를 회상했다.

"'엄마, 우리 포도밭에 절반은 남들처럼 농약 쳐서 시장에 내고 반은 유기농 하면 생활비는 벌 수 있잖아요.' 보다 못해 큰애가 이런 말을 해요. '그라모 약 친 포도를 누구보고 먹으라고 할끼고?' 이라고 말았지예."

친환경농사를 지탱하기 위해 온 가족이 10년 가까운 세월 온 힘을 다해 매달렸다. 1987년부터 시작한 친환경농사는 8~9년 지난 뒤인 1995년 무렵에야 비로소 생산이 안정되었다. 미생물 발효퇴비를 만드는 기술이나 농자재가 발달한 이유도 있지만 무엇보다도 땅이 되살아나기 시작한 것이다.

"농사는 부부가 같이 짓는데 여자들은 이름도 없잖아요. 그래서 우리는 처음부터 과일상자에 최병수, 김명희 두 사람 이름을 같이 넣어 한살림에 냈어요. 하지만 말이 났으니 말이지, 이 사람은 농민회 일로 회의나 집회에 참석하기 바쁘지 농사에 전념할 수가 있어야 말이죠. 반거치 농사나 마찬가지죠."

아내가 웃으며 하는 이야기에 최병수 씨는 그저 미소를 머금고 듣는다. 농민회장을 하던 남편이나 차비도 안되는 급여를 받으며 이 마을 저 마을 찾아다니던 농민회 간사들이나, 다들 이익과 상관없이 옳은 일을 추구하고 있으니 말릴 엄두도 낼 수 없었다는 아내의 이야기를 남편은 귀담아 들을 수밖에 없다. 정작 부부가 오롯이 친환경농사를 지탱하기도 힘들었지만, 생산이 안정되고 나서도 농민회 후배들로부터는 또 다른 문제 제기를 받아야 했다. "비싼 친환경농산물은 부자들이나 먹을 수 있는데, 왜 우리가 부자들을 위해 그런 농사를 지속해야 하느냐?"는 것이었다.

"지금 당장은 그렇겠지만 누군가 계속 이 농사를 지탱해야 나중에라도 더 많은 사람들이 나은 먹을거리를 먹을 수 있지 않겠냐고 설득을 했어요."

사람의 마음을 움직이는 일이 땅을 되살리는 것만큼이나 어려웠을 것이다. 그는 후배들을 설득해 자신이 회장으로 일하던 동안 상주농민회에 생명농업위원회를 설치하기도 했다. 굳이 한살림 같은 곳만 아니라 어지간한 곳에서는 유기농산물을 만날 수 있게 됐으니 그의 말이 절반쯤은 실현됐다고 할 수 있다. 그러나 어렵게 친환경농사를 지탱하면서 생산 기술을 발전시켜온 초창기 농민들이나 참고 기다리며 이들을 응원한 소비자가

"농사는 부부가 같이 짓는데 여자들은 이름도 없잖아요. 그래서 우리는 처음부터 과일상자에 최병수, 김명희 두 사람 이름을 같이 넣어 한살림에 냈어요."

아니었다면 유기농업을 위한 농사 기술이나 미생물 제재 같은 친환경 농자재도 발달하기 어려웠다는 점을 기록해 두어야 한다. 유기농산물은 20년 전에 비하면 생산도 늘고 가격도 많이 낮아졌다. 우리 몸에 좋은 것뿐 아니라 자연을 되살리고 환경을 보존하는 일까지 따진다면 친환경 먹을거리가 결코 비싸지 않다는 점도 이제는 많은 사람들이 이해하게 되었다.

이들의 한 해 농사는 계절과 맞물려 돌아간다. 겨울 동안 과수 가지치기를 하며 한 해를 시작한다. 포도는 가지에서 물이 올라오기 전인 2월 20일까지, 사과는 3월 중순까지 마쳐야 한다. 자른 가지들은 잘게 잘라 퇴비로 밭에 돌려준다. 꽃이 피기 전에 유황제재를 뿌리고, 5월부터는 너무 많이 달린 과일을 솎아 내며 적과를 한다. 사과는 세 번에 걸쳐 적과한다. 어떤 열매를 끝까지 남겨서 수확할지 판단하는 일은 남에게 맡기기 어려워 주인이 직접 한다. 포도 역시 수확할 열매가 달리는 순을 남기고 질러 줘야 한다. 논농사는 집에서 양식으로 쓰고 며느리가 운영하는 어린이집에 보내 주는 정도를 짓지만 해마다 5월 15일에 날을 정해 놓고 모내기를 한다.

그런데 올해는 출발부터 조짐이 좋지 않았다. '이상 한파' 때문에 꽃이 예년보다 보름가량 늦게 피었다. 상주 읍내보다 지대가 높은 화동면 지역은 이보다도 일주일 이상 더 늦어졌다. 열매가 그만큼 늦게 맺은 것이다. 그렇다고 해서 수확 시기를 늦출 수는 없는 일이라 수확이 줄어들 것을 염려하고 있다. 그렇지만 그는 땅의 기운을 살피고 근신하는 마음으로 하늘의 조화에 기대는 것이 농사일이라고 했다. 그런 면에서 농사는 종합예술이라는 말을 덧붙였다. 땅은 한 번 리듬을 잃어버리면 좀처럼 회복이 어렵다는 것을 경험으로 배웠다고 한다. 거름이 부족해도 문제지만 너무 세게 주어도 과일은 못 견디고 다 떨어진다고 한다. 이런 말을 하면서 최병수 씨는 곁에 앉은 아내를 바라보며 "이래도 내가 반거치 농사를 짓는단 말이오?" 하며 허허 웃었다.

사람이
꽃 되고
꽃이
사람 되듯이

서순악

충북 영동 옥잠화 공동체

꽃이 사람 되고 사람이 꽃 되는 차. 그이가 만든 구절초 꽃차는 이런 이름을 달고 있었다. 그곳을 찾았을 때 가을걷이가 끝나고 남아 있는 꽃이나 작물은 거의 없었다. 농장 주변에 지천으로 피던 들꽃 가운데 드문드문 구절초와 쑥부쟁이 몇 송이가 며칠 전 갑자기 몰아친 한파를 견디고 살아남아 있었다.

"가을마다 꽃차를 만들어요. 황토방에서 핀셋으로 뒤집어 가며 정성껏 말리죠. 아는 사람들을 통해 팔아서 어린이집 냉장고도 샀고 운영비에 보태죠. 서울 사람들한테는 한 병에 1만 원, 이 동네 사람들한테는 6천 원씩 받아요."

여전히 보랏빛을 머금고 있는 꽃송이 하나를 핀셋으로 집어 찻잔에 내려놓고 뜨거운 물을 붓자 꽃잎이 풀어지면서 활짝 피어났다. 꽃보다 한발 앞서 그 꽃차에 응축돼 있던 향기가 피어올라 방안에 가득 찼다. 차를 마시는 일은 이렇게 지나간 시간들에 실려 있는 향기와 숨결을 조금씩 꺼내 흠향하는 일과 다르지 않을 것이다.

가난에 굴하지 않고 들꽃처럼 싱싱하게

충북 영동군 심천면 고당리. 옥천에서 영동을 향해 4번 국도가 굽이치며 흘러가는 금강과 앞서거니 뒤서거니 뻗어있다. 인근에서 가장 크고 장쾌하다는 옥계폭포를 향해 오른편으로 꺾어 들어가 계곡을 1㎞ 따라 오르다 보면 왼편으로 그가 일군 터전들이 눈에 들어온다. 무수히 피었다 졌을 들꽃들 사이로 포도즙과 잼 등의 유기농 가공식품을 생산하는 옥잠화영농조합법인의 가공 공장과 어린이집과 포도밭이 있다. 2009년 12월 준공을 목표로 한창 공사에 열을 올리고 있는 어린이집 3층 건물이 있고, 맨 꼭대기에는 회의도 하고 새벽마다 그가 기도를 하는 작은 집이 한 채 있다. 그 위로는 계곡을 따라 국사봉까지 작은 골짜기가 뻗어 있다. 산등성이에서부터 번져 내려왔을 단풍이 한창인 골짜기에서 그를 만났다.

그는 한살림의 대표적인 여성생산자이고 결혼은 하지 않았다. 대신 옥잠화공동체에 참여하고 있는 식구들과 어린이집에 날마다 오는 스무 명 남짓한 지역 아이들, 방과후 공부방에 모이는 초중고생들과 가족처럼 어울려 분주한 나날을 보내고 있다. 그이는 결혼을 하지 않은 점에 대해 설명하려는 듯 자신을 "하느님께 바친 몸"이라고 했다. 가톨릭의 성직자로 봉임된 것은 아니지만 스스로 그렇게 자임하고 있는 것이다. 실제로 그는 늘 자신을 신앙인으로 규정하고 살아왔지만 특히 4년 전 이스라엘에 성지순례를 가 있는 동안 내면에서 울려오는 목소리에 따라 자신의 몸을 '주님께 바치기'로 결심했다고 한다. 어차피 그는 어릴 때 성당을 다니기 시작한 때부터 평생 가톨릭의 그늘에서 살아온 사람이었다.

그는 1946년, 해방된 이듬해에 경북 구미에서 태어났다. 나고 자란 집이 구미역에 바로 인접한 시내였다. 아버지는 그곳에서 '리어카'를 만들어 팔았다. 자동차는커녕 소달구지나 지게 말고는 변변한 운송수단이 없던 시절이니 리어카는 요즘의 소형트럭만큼이나 요긴한 운송수단이었다. 그이의 말처럼 아버지가 "지금으로 치면 현대자동차 같은 첨단산업"에 종사한 덕에 꽤 부유했다. 그러나 유복했던 시절에 대해 그가 기억하는 부분은 거의 없다. 전쟁은 그이의 집안이라고 해서 비켜가지 않았다. 피난에서 돌아온 아버지가 병환으로 갑자기 돌아가셨다. 그의 나이 불과 네 살 때였다. 그 이후로 그가 겪은 세상살이는 시리고 고되고 서러운 일투성이였을 것이다. 갑자기 남편을 잃은 어머니가 5남 1녀, 자식을 건사하는 일이 어땠을지 이야기를 듣는 이들은 겨우 짐작을 해 볼 따름이다.

혼자 가계를 꾸려가던 어머니에게는 겨우 초등학교를 졸업한 셋째 딸을 중학교에 진학시킬 여력이 없었다. 그는 초등학교 5학년 때 이미 그런 자신의 운명을 예감했다고 한다. 그러면서 마음속으로 "일하면서 학교 공부도 할 수 있는 제도가 있으면 좋겠다. 할 수만 있다면 내가 커서 그런 것을 만들어야지." 하고 결심했다. 이 절박하고 간절한 기도는 나중에 실현되었다. 훗날 노동청 카운슬러 시험에 합격해 구로공단에서 일할 때 그는 노동청에 공문을 보내 "14살 이상의 소년소녀 노동자들에게도 성인 노동자와 동일한 처우를 해주고, 특히 이들에게 일하면서도 교육받을 수 있게 배려해야 한다"고 주장했다. 당시 담당 공무원은 노동청 소년소녀계장이던, 2009년 당시 보건복지부 장관인 전재희 씨였다. 그는 서순악 씨의 주장에 공감해 중등과정을 이수할 수 있는 근로여성교실을 설립하도록 추진했다. 한일합섬같이 큰 공장에 산업체 부설학교들이 설립되어, 부모가 학비를 댈 수 없는 가난한 집 아이들도 하려고만 하면 고등교육까지는 스스로 일하면서 마칠 수 있는 길이 생긴 것이다. 그는 그 일이 지금 막 실현되기라도 한 것처럼 환한 표정으로 웃었다.

그는 또래 친구들이 중학교에 다닐 때 구미중학교에 사환으로 취직해 한 달에 쌀 한 말씩 받으며 일했다. 돈이 조금 모이면 학교에 다니고 돈이 떨어지면 휴학을 하면서 5년에 걸쳐 중학교 과정을 이수했다. 고등학교 진학은 언감생심 꿈조차 꾸기 어려운 형편이었다. 때마침 구미중학교와 구미농고가 합병이 되었다. 그는 낮에는 고등학교 수업을 받고, 학교가 파한 뒤 저녁 늦게까지 밀린 일을 하게 해 달라고 했지만 거절당했다. 결국 남들보다 5년 늦게 구미농고에 입학해 어렵게 학교를 마쳤다. 너나 할 것 없이 가난하던 시절이기는 해도 그가 학교를 제힘으로 다닌 일은 듣는 것만으로도 눈물겨웠다. 그에게 각별한 향학열과 고집스러운 추진력이 없었다면 애초에 불가능했을 것이다.

스물네 살 되던 1970년에야 그는 비로소 대구에 있는 한국사회사업대학(현 대구대학교) 지역사회개발학과에 진학했다. 대학에서도 고학으로 학비를 벌어가면서도 대학4H, 농촌경제연구회 같은 동아리를 통해 농촌개혁운동에 꾸준히 참여했다. 그 뒤에 펼쳐진 인생을 떠올려 보면 제 갈 길을 일찌감치 스스로 선택해 개척했다는 것을 알 수 있다. 농촌연구회는 소설 《상록수》에 나오는 채영신과 박동혁처럼 일제강점기 때 청년들의 심장을 격동시켰던 농촌계몽운동의 정신을 계승한 학생운동의 한 흐름이었다.

그에게는 농촌 현실을 개혁하려는 운동적 열망과 영적인 수행에 대한 향심이 함께 무성했다. 대학 3학년 때는 수녀가 될 결심으로 부산에 있는 성 베네딕도 수녀원에 입적했다. 대학 3학년 때인 1972년의 일이다. 지긋지긋한 가난에 시달렸던 마음을 어릴 때부터 성당에 다니면서 붙잡아 왔

여전히 보랏빛을 머금고 있는 꽃송이 하나를 핀셋으로 집어 찻잔에 내려놓고 뜨거운 물을 붓자 꽃잎이 풀어지면서 활짝 피어났다. 꽃보다 한발 앞서 그 꽃차에 응축돼 있던 향기가 피어올라 방안에 가득 찼다. 차를 마시는 일은 이렇게 지나간 시간들에 실려 있는 향기와 숨결을 조금씩 꺼내 흠향하는 일과 다르지 않을 것이다.

으니 교회에 몸과 마음을 모두 바치자는 결심이 그에게 자연스럽고 당연했을 수 있다. 그는 방학 때마다 수녀원에 가서 지냈고 학비도 그곳에서 대 주었다. 그러나 결국 수녀가 되지는 않았다.

"대신 대학을 졸업하고 구미에서 성 베네딕도 왜관 수도회가 운영하던 근로여성복지관을 잠시 운영했어요. 어릴 때부터 고학을 했기 때문에 어린 노동자들의 처지가 남일 같지 않았죠."

그는 어떻게든 어린 노동자들의 처지를 개선하고 싶어 조바심을 냈다. 근로여성복지관 사감들 모임을 만든 것도 이 때문이었다. 그 무렵 그는 노동청에서 카운슬러를 모집한다는 공고를 보고 응시했고, 합격한 뒤 구로공단에서 일했다.

"당시 구로공단의 나이 어린 노동자들은 밥 굶는 것은 예사고 다쳐도 치료도 못 받고 처지가 비참했어요. 서른 살 때 여성근로교실 교사로 일할 때였는데 반장 아이가 공장에서 손을 다쳐 피를 흘리면서도 돈이 없어 치료를 못 받더라고요. 그 아이에게 돈을 주고 치료를 받게 했어요. 나도 수녀회의 도움으로 학교를 다녔잖아요. 그 돈은 수녀회에 갚지 말고 또 다른 어려운 이에게 돌려주라고 했죠."

그 뒤 1977년, 가톨릭농민회 본부가 대전 성남동에 있던 시절 그곳으로 일터를 옮긴다. 한살림의 고 박재일 회장, 당시 가톨릭농민회의 홍보부장이던 한살림연합 이상국 대표 같은 이들과 인연이 시작된 것도 이때다. 그 무렵 '쌀 생산비 조사 사업' 등을 하던 게 가장 기억에 남아 있다. 정부는 저임금에 기대 경제성장을 추진하려고 저곡가 정책을 고수하며 생산비에도 못 미치는 값에 쌀을 사들이려 했다. 이에 가톨릭농민회는 정부가 제시하는 수매가가 생산비에도 못 미친다는 것을 증명하려고 대대적으로 쌀 생산비 조사 사업을 전개했다.

그 무렵 서순악 씨는《인간 성장과 행동 발달》등을 공부하며 공해가 사람에게 미치는 폐해에 대해 깊은 문제의식을 갖게 된다. 1978년에는 언니가 가지고 있던 일본의 아리요시 사와코가 쓴《복합오염》같은 책들을 읽으면서 자신의 양심에 비춰볼 때 도저히 농약과 화학비료를 땅에 뿌릴 수 없다는 생각이 더욱 굳건해졌다.

노지재배 포도로 국내 최초 유기농 인증을 받다

그가 영동군에서도 후미진 골짜기에 있는 심천면 고당리에 땅 2천965m^2(897평)을 사서 내려온 것은 1981년, 나이 서른다섯 살 때였다. 아마도 그의 인생에서 가장 결정적인 순간이 이 대목인 것 같다. 중앙대학교 사회복지대학원 3학기를 마친 뒤, 마지막 학기 등록금을 다 털어서 땅을 샀다고 한다. 서른다섯이면 어린 나이는 아닐지 몰라도 여자 홀몸으로 그런 결단을 한 게 보통 일은 아니었을 것이다. 그때 결단하지 않았다면 그의 삶은 또 어떻게 전개되었을까? 그런 과단성 있는 결정을 내릴 만큼 정신의 근육이 튼튼했던 것이다.

그러나 옥계리 일대는 지금도 땅을 파 보면 자갈투성이 척박한 땅이다. 그가 전 재산을 털어 산 땅 역시 마찬가지였다. 물을 부어도 금방 빠져나가고 퇴비를 줘도 비가 내리면 다 빠져나가 소용이 없었다.

"그때는 몸무게도 42kg밖에 안 나가는 날씬한 처녀였어요. 밤낮없이 산에서 부엽토 긁어다 퍼붓고 물 길어다 붓고 해도 소용이 없었어요. 누가 오줌 거름을 주라고 해서 통에다 담아 가지고 들고 가면 동네 사람들이 그게 뭐냐고 물어요. 차마 처녀 입으로 오줌이라고 할 수가 없어서 그냥 물비료라고 대답했어요."

척박한 땅을 일궈 논농사 1천322㎡(400평)과 포도농사 1천322㎡(400평)을 시작했다. 산에서 부엽토를 긁어오는 것만으로는 안 돼 트럭 수백 대분의 흙을 퍼 나른 뒤에야 가까스로 농사가 가능해졌다고 한다. 이런 경험 때문에 지금도 흙을 금싸라기처럼 귀하게 아낀다고 했다. 메마른 땅에서 지을 수 있는 포도 품종인 캠벨에 비해 경쟁력이 떨어지는 델라웨어밖에 없었다고 한다. 십여 년 수많은 시행착오 끝에 목초액이나 미생물발효 퇴비를 이용하며 꾸준히 노력한 결과 1998년 노지재배 포도로는 국내 최초로 유기농 인증을 받았다.

한살림과 인연을 맺게 된 것은 1993년 포도잼을 내면서부터였다. 농촌연구회에서 같이 활동했던 정명채 박사가 권유하며 농산물가공으로 눈을 돌려 포도잼을 생산한 지 얼마 지나지 않을 때였다. 공장 설립 자금이 부족해 전통식품산업을 지원한다는 정부보조금 6천만 원을 신청했다. 잼이 무슨 전통식품이냐며 지원에 난색을 표하는 담당자에게 잼뿐만 아니라 도라지와 인삼정과까지 가공할 계획인데 정과는 전통식품이라고 어렵게 설득했다.

그해 가을 건국대학교에서 열린 한살림 가을걷이잔치에 올라가 무작

정 식빵에 잼을 발라 참석자들에게 나눠 주면서 홍보를 했다. 실무자였던 박영천, 이사인 윤선주, 서형숙 같은 이들이 정직하고 깔끔한 맛의 포도잼을 생산하는 이 여성생산자에게 관심을 보였다. 이 덕에 그는 이사회에 참석해 자신이 생산하는 가공식품을 설명할 수 있었고 포도잼과 딸기잼, 포도즙 등을 한살림에 꾸준히 내게 되었다. 공동체 운영이 안정된 것은 이때부터였다.

1993년 연말에 수안보에서 한살림 생산자들을 위로하는 행사가 열렸다. 당연한 듯이 모조리 남성생산자들뿐이었다. 부여에서 딸기를 생산하는 강수옥 씨만 부인 조계숙 씨와 함께 참석했다.

"농사를 남자 혼자 지었을 리 없잖아요. 이래서는 안 되겠다 싶었어요. 당시 실무책임자였던 전표열 씨한테 내년에는 꼭 여성들도 모시라고 부탁했어요. 그런데 다음해도 또 남자들뿐이더라고요. 당시 상무였던 조완형 씨한테 이럴 수 있냐고 또 따졌죠. 그가 예산은 마련해 뒀으니까 좋은 진행 방안이 있으면 제안해 달라고 해요. 그래서 대전인가 청주에서 여성생산자들끼리 첫 모임을 하게 됐어요."

일단 모임이 시작되니까 너도나도 자기들 고생하며 농사지은 얘기들을 하면서 같이 울기도 하고 때로는 웃느라 배를 움켜쥐고 데굴데굴 구르기도 하면서 잊을 수 없는 밤을 보냈다. 울진 방주공동체 최정화 씨가 유기농사를 시작하면서 처음에는 벌레를 감당할 수 없어 목사님을 불러 기도를 했다는 얘기며 음성에서 온 고 최재두 전 생산자연합회 회장의 부인 김영희 씨가 "다른 집 여자들은 비행기 타고 여행 가는데 생산자 부인들은 밭고랑만 타는구나" 하고 노래를 불렀다는 얘기하면서 환하게 웃었다. 이 날 모임을 계기로 한살림 여성생산자모임이 시작되었다. 그는 이렇게 결성한 여성생산자회 초대 회장을 맡아 2002년까지 모임을 이끌었다.

"우리도 밭고랑만 타지 말고 비행기 타자. 왜 못 타냐? 이러면서 매달 만 원씩 모았어요. 3년 뒤에 정말 제주도에 가게 됐죠. 경비가 모자라서 내가 사재를 털어서라도 충당하겠다고 하니까 아산의 이호열 씨가 그럴 수는 없다면서 생산자연합회에서 500만 원을 지원하게 해 줬어요."

작은 집에서 새벽마다 기도로 시작

"유기농사를 짓다보니 사소한 것도 허투루 보게 되지 않아요. 배추와 배추벌레는 얼핏 보기에 원수 같잖아요. 그렇지만 배추를 먹은 배추벌레는 바로 배추이기도 할 거예요. 그 벌레가 나비가 되어 배추꽃에 날아오잖아요. 나비가 없이는 배추도 씨를 맺을 수 없는 거고……."

그는 찾아오는 사람들에게 배추벌레 이야기를 자주 했던 모양이다. 당장에 배추벌레처럼 미운 사람이 있더라도 이 말을 떠올려보면 생각을 달리할 수 있지 않을까? 누군가에게 기대지 않고 살 수 있는 사람은 아무도 없는데, 우리 사회에 들어찬 도저한 일방주의와 배제의 논리, 증오와 갈등은 도대체 왜 끝 간 데를 모르고 한없이 자라나기만 할까?

그는 스스로를 고집도 세고 주장도 강한 사람이라고 했다. 그렇지만 돌아서서 상처받고 가슴앓이를 하는 일도 많다.

"한때는 자살도 생각했어요. 막상 그런 생각을 하니까 왜 내가 세상에

"과수원과 밭이 있으니 1차 산업, 가공 공장이 있으니 2차 산업, 어린이집과 공부방 운영하고 있으니 서비스산업인 3차 산업도 있고 선녀탕 계곡 앞에 있는 기도 공간인 작은 집은 4차원의 영역"

왔는지 사는 의미가 무엇인지 세밀하게 따져 보고 싶다는 생각이 들었어요. 성경을 다시 읽기 시작했어요. 편안하게 읽은 게 아니라 따지듯이 세세하게 읽었어요. 불경에도 매달렸어요. 읽다 보니 어느 순간에 성인들의 생각과 말이 하나로 통하고 있다고 여겨졌어요."

그는 욕심을 내려놓고 진리를 추구하는 순간 평범한 사람들도 성인의 반열에 오르는 것이라고 생각하게 되었다. 바리새인들로부터 "네가 무슨 신이냐?" 조롱을 당하던 예수가 "진리를 깨닫고 행하는 이가 바로 신"이라고 말씀했던 의미가 분명하게 가슴에 와 닿았다는 것이다. 그는 이런 자신을 가리켜 "4차원"이라면서 웃었다. 자신이 살고 있는 옥계리 계곡을 두고 "과수원과 밭이 있으니 1차 산업, 가공 공장이 있으니 2차 산업, 어린이집과 공부방 운영하고 있으니 서비스산업인 3차 산업도 있고 선녀탕 계곡 앞에 있는 기도 공간인 작은 집은 4차원의 영역"이라는 설명을 덧붙이면서 말이다.

그는 이제 생산에 관한 일은 후배인 김도준 생산자에게 맡기고 어린이집과 방과 후 공부방 운영, 영동여성농민센터 그리고 장애인복지관 이사 등 지역 사회복지 현안에 관심을 기울이고 있다. 그리고 가장 공을 들이는 일은 새벽마다 계곡의 가장 꼭대기에 자그맣게 지어놓은 기도의 집에서 마음을 닦고 기도하는 일이라고 한다.

인터뷰를 마치고 돌아올 때 그는 직접 만든 구절초 꽃차를 선물로 주었다. 예의 그 '사람이 꽃 되고 꽃이 사람 되는 차'였다. 가끔 그가 당부한 대로 유리잔에다 마른 꽃을 사뿐히 내려놓고 뜨거운 물을 정성껏 따라 차를 우려 마셨다. 차를 머금으면 입과 코로 고당리 계곡에 번져 있던 들꽃 향기가 느껴졌다. 배추벌레를 연상케 하는 나비들의 한가로운 날갯짓도 떠올랐다. 다른 이에게 이렇게 향기 한 모금을 나눌 수 있는 삶. 우리가 세상에 왔다 가는 흔적이 이 정도면 훌륭하지 않을까?

'하느님 95%,
내가 5%'
아버지와 아들이
대를 이어
생명농업

임선준
임동영

제주 큰수풀공동체

"아빠한테는 건강과 행복 중에 어떤 게 더 중요해?"

얼마 전 저녁 밥상머리에서 중학생 딸아이가 난데없이 물었다. 무슨 말인지 잠시 혼돈스러웠다. 건강하지 않은 사람도 행복할 수 있을까? 이런 생각이 퍼뜩 스쳐갔다. 딸아이의 엉뚱한 질문에 잠시 답을 미룬 채, 내게 행복은 무엇일까? 또 남들은 어떨까? 생각해 보았다.

차라리 '불행하지 않은 상태'를 행복이라고 대답하는 것이 조금 쉽겠다. 가난, 질병, 미래에 대한 불안감, 일 때문에 느끼는 압박, 고립감, 외로움. 대개 이런 것들이 우리를 불행하게 만든다. 가난과 질병은 살아가면서 직면할 수 있는 어떤 상황이고 불안감, 고립감, 외로움은 우리 마음에서 비롯된다. 재산이 많은 이와 적은 사람, 늙은이와 젊은이, 몸이 건강한 사람과 약한 사람이 있지만 이것이 곧 행복과 불행을 가르는 척도는 아니다. 우리에게 닥쳐오는 어떤 상황에 대해 마음이 어떻게 반응하는가가 그 사람을 행복으로도 불행으로도 이끈다. 남 보기에 모자랄 게 없는 삶을 사는 것 같아도 마음을 뒤척이는 이가 있는가 하면 모진 고난이 닥쳐도 좀처럼 용기를 잃지 않는 사람들이 있다.

입춘이 지나자 거짓말처럼 날이 풀렸다. 지난겨울, 너무도 알차게 추웠다. 가혹할 정도였다. 2011년 1월 한 달 동안 서울은 단 40여 분밖에 수은주를 영상으로 밀어 올리지 못했다. 그 기세대로라면 봄이 올 것처럼 여겨지지도 않았다. 게다가 구제역 파동은 겨울을 한층 더 을씨년스럽게 만들었다. 뉴스 화면에 눈이 마주치면 거의 매일 가축들을 '살처분'하고 매몰하는 광경이 쏟아져 나왔다. 누군들 '이러고도 우리의 일상이 평온하게 유지될 것인가?' 하는 불안감에 사로잡히지 않았을까?

그나마 제주도는 구제역 파동에서 비켜서 있다. 제주공항에는 방제를 위한 빨간 소독 매트가 깔려 있었다. 혹시 내 몸에 붙어 왔을지 모를 뭍에서의 우울하고 고통스런 현실이 그 소독 매트를 꼼꼼히 밟고 지나면서 제거되었으면 좋겠다는 생각을 했다. 길가에 빨갛게 피어 있는 동백꽃들이 눈에 들어왔다. 김포를 떠난 지 불과 한 시간 남짓 만에 계절이 훌쩍 지나간 느낌이었다.

큰 숲 마을, 제주도 유기농업이 시작된 곳

제주시에서 서쪽 해안을 따라 시계 반대 방향으로 20여km 달려가면 한림읍 대림리에 가 닿는다. 한림항 주변은 일제강점기 때 일본 사람들이 방조제를 쌓고 항구를 깊이 판 뒤 통조림 공장을 만들고 인근에 도축장 등이 들어서면서 제법 은성한 동네가 되었다고 한다. 한림읍을 벗어나면 온통 크고 작은 밭이 펼쳐져 있고 멀리 드문드문 솟은 오름들, 저 멀리로는 예의 흰 눈을 뒤집어쓴 한라산 윗새오름이 신화에나 나올 것 같은 신령한 모습으로 공중에 떠올라 있다. 대림리(大林里). 이름처럼 큰 숲이 있는 동네다. 현무암 돌담으로 오밀조밀 나뉜 밭들 위로 불쑥 도노미 오름이 솟아 있다. 해발 142m 남짓이니 그다지 높다고 할 수 없지만 해안가에서 멀지 않은 곳에 있어 높이가 예사롭지 않게 느껴진다. 수천 년 바닷바람 맞고 밭 갈며 살아온 그들이 그 숲에 마음을 기대왔겠지 싶었다. 이 마을 사람들이 스스로 생산자공동체 이름을 왜 '큰 수풀'이라고 부르는지 알 것 같았다.

제주도 역시 지난겨울 추위가 혹독했다고 한다. 가을에 파종을 했는데도 겨우내 월동채소들이 제대로 자라질 못했고, 양배추가 동상을 입기도 했다. 좀처럼 그런 일이 없었는데, 연일 영하의 날씨가 이어지고, 눈도 많이 내렸다.

마을에는 2010년 7월에 제주시에서 건축 자금의 80%를 지원해 저온저장시설까지 갖춘 큰수풀공동체의 창고가 들어섰다. 2층에는 한살림에서 '생산안정기금'으로 3천만 원을 지원해 지은 공동체 사무실이 있다. 창고 앞마당에는 공동체 회원들이 함께 쓸 퇴비를 만드는 작업장도 있다. 사무실에 모처럼 큰수풀공동체 회원들이 함께 모였다. 제주도에서 친환경 농사를 처음 시작한 농부 임선준 씨가 씨앗이 되고 이달순 씨, 임세호 씨와 함께 1995년 한살림 생산자가 되면서 시작한 공동체가 이제는 이름처럼 10명이 참여하는 제법 큰 수풀로 자라나 있다. 제일 나이가 많은 어른이기도 하지만 마을의 친환경농업을 이끌어온 임선준 씨를 중심으로 모여서 말을 나누고 생각을 모으는 모습을 보자니 마을 공동체가 아직 남아 있는 것 같아 마음이 훈훈해진다. 개별 생산을 하지만 큰수풀공동체는 모두 감귤과 참다래 등의 과수 4만 9천㎡, 브로콜리·양배추·마늘·콜라비·기장·참깨·쪽파 등 밭작물 21만 1천310㎡ 등 모두 28만 500㎡(약 8만 5천 평) 드넓은 친환경농업단지를 이루고 있다. 한살림에서 나오는 겨울 채소 가운데 브로콜리와 양배추의 약 60%를 이곳에서 내고 있단다. 가구당 거의 3만 3천57㎡(1만 평)에 가까운 농사를 하고 있는 셈이니 농사 규모가 꽤 크다 싶었다.

올해 73살인 임선준 씨는 지난 2010년 10월 말 서울 암사동선사유적지에서 열린 한살림가을걷이잔치한마당에서 얼핏 뵈었을 때보다 어쩐지 얼굴이 야위고 얼굴 살도 쏙 빠져 있었다. 걱정스러운 마음에 안부를 여쭈어 보았다.

"지난 12월에 폐에 병이 들었어. 그동안 담배를 많이 피워서 그랬나 봐. 주위 사람들은 지독하게 노력해서 유기농사를 일궈 냈으니까 아마 악성 종양도 결국 이겨 낼 거라고들 해요."

암과 싸우고 있다는 이야기를 담담하게 전해 준다. 심각한 이야기였는데도 눈썹 짙은 그의 얼굴에는 여전히 환한 웃음이 번져 있다. 한 달에 한 번 대학병원에 가서 항암치료를 받고 있다는데 얼굴이 여윈 것 말고는 말과 행동은 여전히 활기차다. 임선준 씨 집안은 풍천 임씨 27대조가 제주로 귀양을 온 뒤로 줄곧 한림읍 주변에 뿌리내리고 살아왔다. 일제강점기 시절에는 먹고살 길이 막막해 가족들이 일본으로 건너가 오사카에서 살다 여덟 살 때 해방이 돼 다시 고향으로 돌아왔다. 그 뒤로 1959년 제주농업고등학교를 졸업한 뒤 거의 50년 넘게 줄곧 농사를 지어왔다.

"농고 졸업할 무렵이 막 화학비료가 생산되던 때였거든. 고랑 사이에 비료 뿌리고 때맞춰 농약치는 걸 과학 영농이라고 배웠어요. 그러다가 1995년에 유기농업을 시작하면서 보니까 삼십 몇 년 만에 결국 예전 아버지가 농사짓던 방식으로 돌아가 있더라고."

그가 말을 시작하자 같은 마을 후배들인 큰수풀공동체 회원들이 너도나도 말을 거들었다.

"농고 졸업할 무렵이 막 화학비료가 생산되던 때였거든. 고랑 사이에 비료 뿌리고 때맞춰 농약치는 걸 과학 영농이라고 배웠어요. 그러다가 1995년에 유기농업을 시작하면서 보니까 삼십 몇 년 만에 결국 예전 아버지가 농사짓던 방식으로 돌아가 있더라고."

"아버지 때는 비료가 있기나 했나요? 반장님이 처음 무농약농사 한다고 할 때 다들 손가락질 했어요. 그때 무슨 친환경 농자재나 있었나요? 현미식초, 목초액 그런 게 다였죠. 그렇다 보니 벌레 때문에 수확도 제대로 안 되고. 그런데도 우리가 지나가면 반장님이 꼭 불러요. 이것 좀 먹어 보라면서 브로콜리나 양배추를 쑥 뽑아서 입에 넣어 주는 거예요. 밭에서 그냥 뽑아 먹어도 참 달고, 뭐랄까 고유의 향이 살아 있잖아요? 그래서 하나둘 관심을 가지게 됐어요."

온종일 그를 따라 밭에도 가고 산속에 있는 감귤밭에도 가보았다. 큰수풀 회원들이 말해준 것처럼 임선준 씨는 자기 밭에서 브로콜리를 뚝 잘라 입에 넣어 주고 양배추를 척척 벗겨 속잎을 먹어 보라고 주기도 했다. 노지에서 더러는 쏟아지는 눈비를 고스란히 맞으며 겨울을 난 겨울채소들은 정말 달디 달았다. 월동채소들은 추위를 견디고 살아남기 위해 열심히 당분을 만들어 몸에 축적하기에 하나같이 달고 향취가 좋았다. 그중에서도 땅속의 미생물과 유기물, 그리고 햇살, 그리고 바람의 힘만으로 자라난 것들의 맛과 향은 얼마나 감격스럽겠는가? 400g씩 포장돼 2천400원에 한살림 조합원들에게 공급되는 유기농 브로콜리는 이렇게 기른 것들이다. 〈타임〉이 10대 채소로 선정했고, 국내외 의학연구에서 항암효과가 있다고 여러 번 발표하기도 했던 브로콜리는 약리 효과도 있겠지만 일단 미감이 뛰어났다. 밭에서 일하는 그를 따라다니며 나는 마치 야생의 고라니라도 된 양 브로콜리 꽃대와 이파리까지 손으로 뚝뚝 잘라 우적우적 씹어 먹었다. 도시에서 시달리던 편두통이 어느새 씻은 듯 가셔 있었다.

유기농업은 '법'으로 하는 게 아닌데 선생이 너무 많아

학교에서 배운 대로 제때 화약비료를 주고 약치는 것을 앞선 농사 기술로 알고 관행농업을 하던 그가 유기농으로 방향을 튼 것은 그 자신이 가벼운 농약 중독을 경험했기 때문이다. 그러나 온종일 함께 다니며 겪어 보니 그는 본디 성품 자체가 생명농업에나 적합한 사람이었다. 앞서간 사람들에게 유기농에 대해 배울 길도 막연하던 초창기에는 현미식초와 목초액만으로 '화살깍지벌레' 같은 해충을 막는 데 여간 어려움이 크지 않았다.

"기계유제는 유기농 기준에 맞아서 가끔 써왔는데, 아무리 무해하다고는 해도 기름 성분이니까 꺼려져요. 그마저도 잘 안 쓰다 보니까 저 비탈에 있는 나무들은 저렇게 타들어간 것처럼 말랐잖아."

기계유제는 윤활유를 비눗물 등에 섞어 벌레의 몸을 감싸게 뿌려 호흡을 못하게 만드는 것인데 그는 이마저 꺼려져 그 대신 고등어 액비를 고안하기도 했다. 고등어 액비를 500~800배 희석시켜 흐린 날 잎에 살포해 해충 방제에 상당한 효과를 보기도 했다. 그러나 벌레를 완전히 막는 것은 불가능하다고 생각한다고 했다. 잡초도 베어 주는 것 말고는 대책이 없는데 얼마 전부터는 브로콜리 밭고랑은 가스불로 태우는 방법을 쓰고 있다. 그런데 이마저도 마음이 안 좋단다.

"잡초 애환이라고, 시를 쓰고 싶다니까. 소가 볼 때는 잡초든 작물이든 똑같은 먹을거린데 어떤 놈은 북돋아 주고 어떤 놈은 뽑고 베고 이젠 불질까지 당해야 하니 말이야."

공동체 퇴비 작업장에서 함께 쓸 유기질 퇴비를 회원들이 함께 만든다. 생선가루, 뼛가루, 쌀겨, 깻묵 등을 토착미생물 등으로 발효시켜 겨울 동안 만들어 두었다가 3월에 밭에 뿌린다. 예전에 비하면 그래도 쓸 수 있는 유기농 자재도 많아져 "이 정도 농사는 장난이지" 말하면서 그는 호탕하게 웃었다.

"유기농법, 미생물발효(EM)농법, 무슨 무슨 농법 이런 말들을 해요. 그런데 나는 이 말이 맞지 않다고 생각해요. 지역이나 토양, 작물마다 성질이 다른데, 하다못해 같은 밭에서도 위와 아래가 달라요. 그런데 일정한 규칙이 있는 것처럼 무슨 법이라고 하니까, 자꾸 선생이 많아져요."

생명체인 작물과 주변 환경을 세심하게 살피고 스스로 조화를 이루도록 도와주는 것이 농부가 할 수 있는 최선이라고 여기기에, 유기농사에 무슨 특별한 비방이나 요령이 있다는 식으로 선전하는 '이론'에는 믿음이 가지 않는다고 했다.

"처음에는 농사에 도움이 될까 해서 공책을 들고 사람들을 찾아갔어요. 약이나 비료를 안 치고 어떻게 농사를 짓는지 가르쳐 달라고 말이죠. 그런데 친환경 인증받고 완전히 유기농사로 바꿀 게 아니라면 그냥 하지 말라고 오히려 말리시더라고요."

임선준 씨 이웃에서 브로콜리와 양배추 농사를 짓는 양순영 씨의 말이다. 유기농사의 가치를 충분히 깨닫지 않는 한, 들이는 고된 품에 비해 충분한 금전 보상이 없기에 어지간해서는 신중하게 생각하라고 말리곤 했다는 것이다.

임선준 씨와 함께 이달순 씨, 임세호 씨. 이렇게 세 사람이 이 마을에

서 1990년대 초부터 유기농으로 농사를 짓기 시작했다. 몇 년 뒤 1995년에 당시 한살림 구매 담당이던 윤태수 한살림연합 상무가 찾아와 제안을 해 한살림 생산자가 되었다.

"그때 한살림 소비자가 1만 5천 세대 정도 됐을 거예요. 2011년 지금 25만 세대 가까이 되니까(2013년 말 42만 세대). 비교할 수도 없지. 기껏 해야 쪽파 다섯 상자, 브로콜리 열 상자 정도나 냈나. 아무튼 너무 적어서 운송비도 안 나올 정도였어요. 그런데 초창기 소비자들이 대단했어요. 어떻게든 다 소비를 해주려고 하고, 심지어는 우리 보고 서울에 친척들 있으면 회원으로 가입시키게 소개해 달라고도 하고 아무튼 열성이 대단했어요. 그때는 물품도 지금보다 못했지. 겨우 목초액이나 치면서 했으니까 농사도 힘들고 수확도 적었죠. 소비자들의 정성에 감복해서 지금도 그 사람들을 제일 중요한 동지로 생각해요. 그분들 만나려고 가을걷이잔치 때면 한 해도 빠지지 않고 서울에 갔어요. 그분들도 제주에 오시면 꼭 연락을 하고 찾아와요. 아주 가족같지."

지난 일을 이야기하면서 눈빛이 더욱 빛났다. 감회 어린 표정으로 한참 이야기를 이어가다 탁자 위에 놓여 있는 감귤을 집어 손에 쥐어 준다. 감귤은 서리를 맞기 전, 12월 25일 이전에 수확을 끝낸다. 냉장보관을 해두고 주문량에 따라 출하를 하니까 입춘이 지나면 끝물이라 처음처럼 싱싱하지는 않다. 게다가 그가 고집스럽게 유기재배 하는 귤은 표면도 거칠고 크기도 작다. 그러나 껍질을 벗겨 먹으니 그의 말처럼 상쾌한 향취가 매력적이다. 그저 달기만 한 게 아니고 시원하고 시고 단맛이 잘 어우러진 맛. 그가 말하던, 작물마다 밭마다 그리고 때마다 생명체인 작물이 요구하는 바를 세심하게 보살피면서 키운 감귤만이 내는 바로 그 맛.

"서울에 사는 딸이 전라도에 사는 늙은 부모한테 맛있는 귤이라고 한 상자를 사서 보냈나 봐요. 그런데 그 시골 노인이 전화를 해서는 막 욕을 해요. 이 딱딱한 귤을 돈 주고 팔았냐. 시골 오일장에도 이런 건 못 내놓는다. 딱딱한 걸 어떻게 먹냐, 이래요. 어이가 없기도 해서 '그럼 물에 삶아 잡수시오' 했는데 그쪽에서 제 할 말만 하고는 전화를 딱 끊어요. 무척 속이 상했지. 그런데 한 사나흘 지났나? 이번에는 그 부인이라는 할머니가 전화를 해서 미안하다고 해요. 생긴 게 그래서 못 먹을 건지 알았는데 벗겨 먹으니 너무 기가 막히게 맛있었다고. 미안하다고 그래요."

임선준 씨와 함께 모인 큰수풀공동체 회원들은 한살림 소비자, 실무자들에게 꼭 하고 싶은 말이 있다고 했다.

"예전에는 유기농산물을 먹을 수 있는 데가 한살림밖에 없었어요. 이제는 상황이 달라요. 소비자들은 다 비교해 가면서 언제 옮겨 다닐지 몰라요. 그런데도 한살림이 남다르게 보이려면 우선 품질이 달라야죠. 먹어 보면 '아, 좋다' 하는 감탄이 나와야 해요. 그리고 요즘은 너무 모양 좋은 것만 찾아요. 성장호르몬제를 치면 크기도 커진다는 걸 왜 모르겠어요? 크기가 작고 모양이 좀 떨어지더라도 고유한 맛이 있는 걸 알아줘야 하는데……."

대림마을 사람들의 큰 수풀 도노미오름 안에 그의 감귤농장이 있다. 작은 실계곡을 마주하고 남쪽과 북쪽 사면에 펼쳐진 약 2만 m^2(6천 평)의 땅을 그는 1978년부터 33년째 가꿔왔다.

"일하다가 여기에 잠깐 누워서 하늘을 보면 야, 이거 참 좋아요. 농사는 어차피 하느님이 95%, 내가 5% 하는 거예요." 수십 년 똑같은 밭에서 반복되는 노동을 했으면서도 그는 감귤밭에 가서는 나무 밑에 난 풀들을 손으로 쓸어 보면서 말한다.

"그때 백양담배가 한 갑에 300원인데, 땅 한 평 값이 그랬어요. 하루에 담배 한 갑 안 피우면 땅 한 평을 사는 거지. 그렇게 사 모아서 이 농장을 마련했어요."

마을에서 조금 떨어진 산속에 있는 비탈밭을 산다고 하니까 마을 사람들이 다 손가락질을 했다고 큰수풀공동체 회원들이 말해주었다. 임선준 씨는 그곳에서 처음부터 유기농 생산을 한 것은 아니었다. 그러나 그의 마음은 늘 생명 있는 것들이 어울려 사는 데 닿아 있었고, 그 생각이 움직이는 대로 최선의 농사를 하려고 애썼다. 그는 지금도 직접 꽤 넓은 이 과수원에서 한 해에 서너 번 이상은 예초기로 풀을 깎고, 작은 전지가위를 들고 웃자란 가지들을 자르고 퇴비를 준다.

"일하다가 여기에 잠깐 누워서 하늘을 보면 야, 이거 참 좋아요. 농사는 어차피 하느님이 95%, 내가 5% 하는 거예요."

수십 년 똑같은 밭에서 반복되는 노동을 했으면서도 그는 감귤밭에 가서는 나무 밑에 난 풀들을 손으로 쓸어 보면서 말한다. 단박에 재산을 늘려야겠다거나 남보다 더 큰 권력을 누려야겠다는 식의 기름진 욕망이라고는 조금도 느껴지지 않는 담백한 말이다. 배운 대로 농사를 짓다 보니 부자연스러운 게 느껴졌고, 남들이 거들떠보지 않는 산속 비탈밭을 사서 한결같은 마음으로 농사를 짓고 비료를 치고, 농약치는 게 꺼림칙해 남들이 다 하던 방식을 버리고 유기농사를 시작한 그였다.

"요즘은 도시살이도 힘드니까. 귀농하는 사람들이 꽤 많아요. 그런데 일요일에 쉬고 회사 출근하듯이 농사를 짓는 건 조금 그래요. 자연에는 요

일이 없거든. 작물이 쉬는 날이라고 쉬었다 자라는 것도 아니고. 여름에 하루 놀면 가을에 사흘 굶는다는 말이 있잖아요."

아버지의 이 말을 듣고, 그의 짙은 눈썹을 쏙 빼닮은 막내아들 임동영 씨가 빙그레 웃는다. 어쩌면 아들에게 주는 가르침 같기도 한 말이었기 때문이다.

"아버지는 제 인생의 롤모델이고 스승이세요. 아버지처럼 훌륭한 농부가 되는 게 제 목표인데, 아직은 공부가 많이 부족하네요."

아버지를 따라 가위질을 하는데 속도나 눈썰미가 수십 년 숙련된 아버지에 비하면 조금 서툴다. 임선준 씨는 동갑내기 아내와 아들 셋과 딸 하나를 낳았다. 그 가운데 막내아들 임동영 씨가 재작년부터 아버지와 함께 농사를 짓고 있다. 뭍에 나가 대학을 졸업하고 정보통신회사에서 3년쯤 직장 생활을 하다가 결심을 굳혀 고향으로 돌아왔다.

"2006년에 아버지가 뇌경색으로 쓰러진 적이 있어요. 안 되겠다 싶어서 내려와서 함께 농사짓겠다고 설득했어요. 꼭 아버지를 위해서만은 아니에요. 아버지가 생각하는 농사 철학이나 일하는 방식을 존경하고 있었죠. 그래서 저도 닮고 싶었고요."

"자식에게 농사지으라고 할 아비가 어디 있겠냐?"며 반대하던 아버지에게 아들은 대학에서 배우지 못한 참 지식을 배우고 있었다. 임동영 씨는 직장에 다닐 때 만난 아내와 지난해에 결혼했다. 여름이 시작되기 전에는 아이도 태어난다. 부산 출신의 아내는 큰숲마을에서 시부모와 가까이 살면서 제주 시내의 미술학원에 나가 아이들을 가르치고 있다. 며느리가 서울의 어느 미대를 졸업한 재원이라고 임선준 씨는 함박웃음을 지으며 자랑했다. 아버지를 존경하는 젊은 자식과 며느리가 이웃에 살며 곧 손자까지 낳게 되었다니 얼마나 뿌듯할까?

도시에서라면 그는 이미 은퇴할 나이가 훌쩍 지났다. 그러나 그는 수십 년 일해 온 일터에서 만나는 풀들과 스치는 바람을 오늘 처음 만난 양 "아, 좋다" 하는 감탄사를 쏟는다. 어지간한 사람이라면 좌절감 때문에라도 앓아누웠을 폐암 판정을 받고도 그는 그늘 한 점 없는 표정으로 여전히 과수원과 밭을 활기차게 누비고 있다. 자식을 키우는 아비의 입장에서 가장 부러웠던 것은, 자식이 아비의 인생을 긍정하는 데 머무르지 않고 배우며 따르고 싶어 가까이 살고 있다는 점이었다.

제주로 떠나기 전, 딸아이가 느닷없이 던진 질문을 다시 생각해 보았다. 건강과 행복 중에 무엇이 더 중요한가? 농부 임선준 씨의 경우라면 어떨까? 건강은 조건이고 행복은 의지의 문제다. 사람의 의지를 어떤 고난이 완전히 굴복시킬 수 있으랴. 봄이 오는 제주에서 만난 유기농 농부 임선준. 그의 삶을 행복론의 교재로 채택해도 좋겠다 싶었다.

*

임선준 씨는 2011년 11월 끝내 세상을 떠났다. 제주도에 친환경농업의 씨앗을 뿌린 그의 장례식에서는 한살림에서 오랜 인연을 이어온 소비자, 실무자들이 참여해 이별을 아쉬워했다. 마을 지경에 그의 장지가 마련되었다. 그가 짓던 농사는 대부분 막내아들 임동영 씨가 물려받았다.

밭을 갈다

김종북 김찬모 이백연

기도하고
명상하면서
식물이 하는
말에
귀 기울이며

김종북

전남 진도

진도에 사는 농부 김종북 씨에게는 온 국민이 지니고 있다는 '휴대전화'가 없다. 낮 동안은 농장에서 일을 하느라 통화가 어려웠고 해 진 뒤에야 연락이 닿았다. 아내가 광주에 있는 대학병원에 검진 받으러 다닐 일이 있어 "찾아오더라도 대접하기는 어렵겠다"고 했다. 얼마나 경황이 없을까 싶어 방문이 망설여졌다. "아, 우리는 신앙 있는 사람들이라 마음에 둘 건 전혀 없어요. 다만, 대접할 형편이 안 된다는 말이지." 병드는 일이나 살고 죽는 일 모두가 하늘의 뜻이니 애면글면하지 않는다는 이야기로 들린다. 믿는 이들의 속내가 정말 궁금한 순간은 이럴 때다. 거리에서 윽박지르듯 신앙을 강요하는 이들을 만날 때가 아니라 이렇게 담대하게 말과 행동이 일치하는 이들을 만나는 순간 말이다.

믿음을 쉽게 말로 표현하는 이들이 많은 요즘이다. 자식의 좋은 성적이나 심하면 남보다 돈을 많이 벌게 된 것조차 신앙의 힘이라고 하고, 어떤 목사는 미국이 저토록 안하무인으로 아프가니스탄이나 이라크를 요절내는 힘조차 자신들이 믿는 하느님에게서 나왔다고 말하기도 한다. 그들의 말대로라면 그들의 신은 인격적으로 그럴듯하지 않은 셈인데, 그런 신앙이라면 '무엇을 위해, 왜 존재하는 것일까?' 묻고 싶은 대목이다.

작물들과 대화하는 것이 농사

그이가 수십 년 가꿔온 농장은 국토의 서남단, 한국에서 세 번째로 크다는 섬 진도에 있다. 진도(珍島). 보배로운 섬이라는 말이다. 지금은 섬이 다리로 육지에 연결돼 있다. 길이 484m인 진도대교는 1984년에 물살이 세기로 유명한 울돌목 위를 가로질러 섬을 육지에 이어 놓았다. 다리를 건너면 왼편으로 솟아 있는 금골산이 보인다. 높이가 겨우 193m로 높지 않은 산이지만 우뚝 솟은 바위들이 여간 장쾌하지 않다. 금골산을 앞에 두고 왼편으로 꺾어 다시 산기슭 옆으로 난 길을 따라 오른편으로 돌아들면 예사롭지 않은 그 산을 북쪽으로 등지고 봉긋하게 솟은 완만한 구릉에 그들 부부가 가꿔온 농장이 펼쳐져 있다. 모두 4만 9천500㎡(약 1만 5천여 평)이라고 한다. 그 가운데 2만 6천446㎡(8천 평)이 경작지이고 나머지는 완만한 구릉의 임야다. 이 농장에서 주로 재배하는 월동무는 늦은 겨울인 2월까지 다 캐낸다고 했다. 우리가 그곳을 찾은 4월에는 밭에 찰보리, 밀, 청보리가 파랗게 뒤덮여 있었다. 농장 곳곳에는 농사에 쓸 물을 모아 둔 둠벙이 있고 물가에는 창포나 붓꽃 같은 식물들이 서울 인근보다 한 달은 족히 빠르다 싶게 피어 있었다. 도시에서는 듣기 어려운 새소리가 가끔 울릴 뿐, 나뭇잎에 맺힌 이슬 굴러 떨어지는 소리마저 들릴 만큼, 고요하고 아름다운 풍경에 잠시 몸과 마음이 정화되는 느낌이었다.

밭둑에는 온갖 꽃들이 줄줄이 심어져 있었다. 김종북 씨와 그보다 한 살 아래인 아내 장금실 씨가 1984년에 이 농장에 자리 잡은 뒤 26년 동안 가꿔온 이 터전에는 온갖 꽃과 나무들이 어우러져 일 년 내내 장관을 이룬다고 한다. 농장을 방문하던 4월 중순에는 노랗고 하얀 수선화가 곳곳에 줄지어 한창이었다. "식물은 제힘으로 옮겨 다니진 못하잖아요. 사람이든 동물이든 옮겨 줘야 하니까, 2~3년에 한 번은 포기를 쪼개서 번식시켜요." 처음 농장에 있던 수선화 단 여섯 뿌리를 정성껏 보살피며 뿌리 나눔을 해주어 이렇게 지천으로 번졌다고 한다.

일 년 내 농사일이 벅찰 텐데 그럴 짬이 나는가 묻자 "그걸 일로 생각하면 그렇게 못하겠지, 경제적인 일하고는 무관하지만 그 자체에서 재미와 보람이 있으니까" 이렇게 대답했다. 그는 농장을 한 바퀴 돌면서 빈틈없이 자연스레 번져 있는 온갖 풀과 나물을 설명할 때 가장 활력이 넘쳤다. 참나물, 어성초, 곰취, 치커리, 초록나물, 브로콜리, 싱아, 고수, 레몬밤, 민트, 박하 등 일일이 나열하기도 벅찰 만큼 수많은 나물과 향기로운 풀들이 곳곳에 무리지어 있었다. 한창인 수선화가 지고 나면 붓꽃과 사랑초, 범부채, 은방울꽃 같은 여름 꽃들이 수확을 앞둔 황금빛 보리밭을 배경으로 뒤를 이을 것이고 가을이면 소국과 쑥부쟁이 같은 가을꽃들이 피어날 것이다. 이 아름다운 농장 풍경은 그가 수양록이나 일기를 쓰듯 거의 매일 글을 올리고 있는 블로그(blog.naver.com/mamuli0)에 생생하게 기록돼 있다.

"저 꽃나무는 영동에 있는 서순악 씨 농장에서 캐 와서 꽃 필 때마다 그이를 떠올리지. 저 겹동백은 제주에서 온 것이고……." 풀 한 포기, 꽃 한 송이마다 이런 식의 사연과 역사가 배어 있었다. 할 수만 있다면 일 년을 온전하게 농장에 머물면서 땅과 함께 호흡하며, 사철 피고 지는 온갖 꽃들을 만나보고 싶었다. 농장의 고된 노동을 짐작하지 못하고 하는 감상적인 말일지 몰라도 자연에 깃들어 조화로운 그의 삶은 그만큼 충분히 충일하고 고요해 보였다.

"농사라는 게 출퇴근하듯이 하는 게 아니에요. 스물네 시간 부부가 함께 안팎으로 온종일 마음을 쏟으면서 작물들과 대화하면서 해야 하는 것이거든요."

농부는 하느님 섭리 실천하는 최고 직업

김종복 씨가 농사에 대해 한두 마디씩 하는 말들은 얼핏 현자들의 잠언처럼 여겨지기도 했다. 그는 우리나라에 다시 유기농업이 시작된 1970년대 중반부터 사십 년 가까이 생명농업을 실천해 왔다. 분명 농사기술이 뛰어난 사람일 것이다. 한겨울 눈밭에서 수확하는 월동무도 우리나라에서 그의 손으로 처음 태어났다. 무와 배추는 서늘한 기온을 좋아해 여름에는 강원도 산간에서 고랭지채소를 기르고, 겨울에는 온난화로 김장철이 자꾸 늦춰지면서 해남 쪽까지 배추 산지가 내려와 있다고 한다. 남쪽 바다에 있는 진도라고는 해도 한겨울 삭풍이 몰아칠 때는 영하 5℃ 심지어는 영하 8℃까지 내려가기도 하는데, 그는 이런 환경에서 숱한 씨앗들을 실험하며 눈밭에서 스스로 살아남기 위해 몸 안에 당분을 축적하는 월동무를 길러 내는 데 성공했다. 당도가 일반 무에 비해 두 배 이상 높기 때문에 월동무를 과일처럼 깎아 먹는 이들이 많다고 한다. 월동무를 한살림에 내면서 그의 생활과 농사는 전에 비해 한결 안정되었다. 농사짓는 데 어려운 일이 무엇인지 묻자, 원거리 수송이 불가피하기 때문에 물류비용이 부담스럽고, 수확철에는 한겨울 노지에서 집중적으로 일해야 하는데 일당 7만 원에도 일손을 구하기 어려운 점이라고 했다.

그에게 농사는 단순한 생업이 아니라 어쩌면 신앙생활의 연장이고 수

"농사라는 게 출퇴근하듯이 하는 게 아니에요. 스물네 시간 부부가 함께 안팎으로 온종일 마음을 쏟으면서 작물들과 대화하면서 해야 하는 것이거든요." 김종북 씨가 농사에 대해 한두 마디씩 하는 말들은 얼핏 현자들의 잠언처럼 여겨지기도 했다.

행 과정이라고 여겨졌다. 스스로도 농사야말로 하느님의 섭리를 이해하고 실천하는 세상 최고의 일이라고 했다. 그런 생각 때문인지 네 아들 가운데 셋째 아들만 공무원이고 나머지 세 사람은 모두 유기농사를 짓고 있다.

"큰아이는 열여덟 살 때부터 소 쟁기질을 하곤 해서 실력이 대단하지. 나이에 비해 농사 경력이 상당하니까." 그는 자식들 이야기를 하면서 대개 농사일을 성심껏 하고 있다는 대목에서 뿌듯한 마음을 감추지 않았다. 둘째 아들은 곡성에서 역시나 유기농 사과농사를 하고 있고, 넷째 아들 김주헌 씨는 한신대 신학과를 졸업한 뒤 아버지와 함께 농장 일을 하고 있다. 남들 같으면 목회자가 되었겠지만 아버지의 생각을 온전히 이어받은 탓인지 이제 아들은 아버지의 인생이 고스란히 녹아 있는 농장에서 수행 같기도 하고 생업 같기도 한 그 농사를 이어갈 것이다.

원경선·전영창 두 스승을 따라

그이는 1940년 전북 임실에서 태어났다. 올해 우리 나이로 일흔한 살이다. 일흔 노인이라고는 여겨지지 않게 카랑카랑하면서도 은은하게 울리는 목소리에서 힘이 느껴졌다. 그는 어린 시절부터 줄곧 농부가 될 꿈을 키워왔고 그 꿈을 이뤘으며 평생을 신념대로 농사를 지으며 살았다. 김종북 씨가 논밭에 자라는 작물이나 들꽃 한 송이마저 하느님의 지체이고 함께 대화하는 생명으로 받드는 농사를 짓게 된 데에는 어린 시절부터 이어진 스승들과의 인연에서 빚진 부분이 있을 것이었다.

"요즘 대안학교들을 이야기하지만, 나도 말하자면 일찍 대안교육을 받았다고나 할까."

그는 전쟁 직후의 대개가 그랬듯이 어려운 집안 형편 때문에 초등학교를 졸업하고 상급학교 진학을 하지 못했다. 마침 임실 읍내에 한신대 출신 목사가 연 고등공민학교에서 중·고교 6년 과정을 4년 동안에 마칠 수 있었다. 교회 장로들이 기증한 토지에 형편이 어려운 아이들을 맡아 가르치겠다는 포부로 세운 학교였다. 학생들은 대개 집이 멀어 기숙사에서 생활하는 이들이 많았다. 학비를 따로 받지 않았고 여느 학교들보다 한 시간 이른 아침 7시부터 일과가 시작됐다. 학생들이 선생님들 땔감을 해 드리기도 하고 학교 농지에서 수확한 쌀은 선생님들 양식으로 썼다. 농번기에는 이웃 주민들의 농지에 모를 심어주고 삯을 받아 그 돈으로 여느 학교들이 방학을 할 때면 산중이나 물가를 찾아가 학업을 계속했다. 아이들은 어린 나이였지만 스스로 학비를 조달하고 있다는 자긍심이 있었다. 그 학교를 거쳐 경남 거창에 있는 거창고등학교 3학년에 편입을 했다. 거창고등학교는 미국에서 유학하던 전영창 선생이 한국전쟁이 발발하자 미국 사람들의 만류를 뿌리치고 귀국한 뒤, 피난지 부산에서부터 봉사 활동을 하던 중 거창에 있던 작은 학교를 인수해 만들었다. 남다른 교육관으로 올곧은 인재들을 많이 길러낸 학교로 널리 알려져 있다. 전영창 교장과의 인연 등으로 미국의 지인들이 그 학교에 후원금을 보내와 대학에 진학하는 졸업생들에게 학비를 지원했기 때문에, 김종북 씨도 대학에 가기 위해 거창고등학교에 편입했던 것이다. '월급이 적은 쪽을 택하라, 내가 원하는 곳이 아니라 나를 필요로 하는 곳을 택하라, 승진의 기회가 거의 없는 곳을 택하라, 모

든 것이 갖추어진 곳을 피하고 처음부터 시작해야 하는 황무지를 택하라 … 왕관이 아니라 단두대가 있는 곳으로 가라'는 식의 직업 선택 십계를 가르쳤다는 그 학교에서 김종북 씨는 남에게 의존하지 않고 스스로 서는 자립심을 길렀다.

거창고등학교에서 그가 만난 또 한 사람은 원경선 씨였다. 그 무렵 원경선 씨가 학교 이사장으로 참여하고 있었다. 이 인연으로 그는 한국 유기농업의 주요한 한 흐름을 일군 풀무원이 출범할 때부터 7년 동안 농장일을 도맡아 하면서 원경선 씨와 함께 공동체 생활을 했다. 지금은 기업에서 인수해 같은 이름의 식품회사가 됐지만 당시의 풀무원은 원경선 씨가 이끌던 기독교 생활공동체였다. 풀무원농장도 처음에는 대개가 그랬듯 별다른 생각 없이 농약과 비료를 치고 있었다. 1974년경 일본 애농회 창시자 고다니 준이치 씨가 내는 《성령》이라는 잡지에서 농약과 화학비료로 짓는 농사는 사람과 환경을 죽이는 죽음의 농사라는 글을 읽고 원경선 씨는 충격을 받았다. 풀무원에서 1975년 9월에 고다니 준이치 씨를 초청해 처음으로 강연을 열고 이듬해 1월에 다시 초청강연을 열었다. 여기 참여했던 농부들이 결성한 것이 바로 '정농회'였다.

그는 풀무원 농장에서 7년 동안 공동체 생활을 했다. 결혼하고 아이들을 낳고 60여 명의 공동체 식구들이 내 것, 네 것 없이 한데 사는 일이 쉽지만은 않았다. 김종북 씨의 말에 따르면 아내 장금실 씨는 꽃과 나무, 바람과 별, 심지어는 천둥과 벼락이 치는 날에도 전혀 무서워하지 않고 비바람을 맞을 때도 자연의 멋과 맛을 느끼고 좋아하는 사람이라고 했다. 별이

초롱초롱한 밤이면 감격에 겨워 남편을 마당으로 이끌어 하늘을 올려다보게 했는데, 김종북 씨는 "그런가? 뭐가 그렇게 좋아?" 하는 식이었다며 웃었다. 지금 살고 있는 농장을 일 년 내내 온갖 꽃이 만발한 천국처럼 가꾸었듯 장금실 씨는 풀무원에 살며 채소부장으로 일할 때도 작물들과 그렇게 대화하며 농사를 지었을 것이다.

길가나 밭둑, 습지와 도랑가에 꽃을 가꾸는 일은 돈벌이와는 전혀 무관한 일일 것이다. 그러나 그 과정에서 마음이 치유되었고 식물과 대화하는 일은 부부에게 희열을 주었다. 사람들은 서로 부딪치면서 상처와 부담을 주기 쉽지만 숲속의 나무나 밭에서 평화롭게 자라는 곡식, 밭둑에 핀 양지꽃이나 수선화처럼 식물들은 오히려 사람들이 주고받은 긴장과 갈등을 치유해 주었을 것이다.

김종북 씨의 농장은 원래 진도 동광원이 있던 곳이다. 여순사건이나 한국전쟁을 겪으면서 전쟁고아들이 많아지니까 이곳에도 동광원이 들어서 고아들을 거두었던 모양이다. 지금도 땅의 소유권은 동광원에 있다. 동광원은 맨발의 성자라고 불리는 이현필 씨를 주축으로 기독교 수행과 사회운동을 해 온 공동체였다. 동광원은 전쟁 전후 고아들과 결핵환자들이 넘쳐나는 우리 사회의 고통을 거들자는 뜻으로 시작해 지금도 유지되고 있다. 동광원의 식구들은 이현필 씨의 가르침에 따라 혼인하지 않고, 학교에 가지 않으며 병원에 가지 않고, 외부 원조 받지 않는 것을 중요한 실천덕목으로 지켜왔다고 한다. 학교나 병원이 대단한 선진 문명처럼 여겨지던 시절에 서양에서 온 교육과 서양식 의료가 자연과의 조화와 바른 섭생에 앞설 수 없다는 가르침은 어쩌면 지금 이 시대 사람들조차 미처 따라가기 벅찬 혜안으로 여겨진다. 또한, 온갖 오염물질에 범벅이 됐을 구호 밀가루가 우리의 농업과 자생력을 좀먹은 부분을 떠올려보면 그 가르침이 먼 미래를 꿰뚫어본 것이었다고 여겨진다. 김종북 씨의 삶과 생각에는 동광원의 영향 역시 스며있는 것 같았다.

원경선 씨가 참여한 기독동신회는 형식과 제도에 얽매인 기존 교회의 한계를 넘어 초기 교회의 정신으로 돌아가자는 생각을 지녔으며 이들에게는 오로지 성경과 평신도들끼리의 수평적 관계만이 존재한다고 한다. 각기 다양한 출발점과 배경을 지녔던 유영모, 이현필, 원경선 같은 이들과의 인연이 이어지면서 김종북 씨는 청년에서 장년으로 성장했다. 스승들인 유영모 선생이나 함석헌 선생이 하루 한 끼나 두 끼만 먹으면서 몸도 마음도 가볍게 유지했던 것처럼 그 역시 하루 두 끼만 먹고 있다. 농장에 찾아오는 실습생들에게는 그것을 강요할 수 없으니 스스로 아침을 챙겨 먹도록 안내했다고 한다. 새벽에 일어나 성경을 읽고 기도를 한 후 네댓 시간 일을 하고 들어와 10시 전후에 아침 겸 점심을 먹고 쉬다가 오후에 들에 나가 저녁 먹을 때까지 일을 하는 식의 일과를 수십 년 유지해왔다.

농사 '기술'이라니요?

김종북 씨는 1984년 풀무원공동체에 있다가 진도로 내려왔다. 내려오기 훨씬 전에는 충남 홍성에 있는 풀무학교에서 학생들을 가르치기도 했다. 그에게 살아온 이야기와 이렇게 저렇게 연결되는 인연들에 대해 듣다 보니

1970년대 중반 한국 유기농업의 한 줄기가 기독교 공동체 운동과 일본 애농회로부터 싹텄다는 것을 조금 더 자세히 이해할 수 있었다. 또 다른 한 줄기는 한살림으로 대표되는 원주에서 싹튼 생명운동, 동학에 뿌리가 닿아 있는 원주 지역 협동운동과 이어진 가톨릭농민회의 한 흐름이다.

기독교에 대한 신앙이 없고 상식적인 이해조차 일천한 필자에게 김종북 씨의 말과 생각을 온전히 이해하고 옮겨 적는 일은 벅차고 힘겨웠다. 다만 교회에 다녀본 적 없는 이들에게도 큰 거부감 없이 깨달음과 감명을 준 유영모 선생이나 그 제자였던 함석헌 선생 그리고 이들과 종교적으로 이어져 있는 이현필, 원경선 선생과의 인연이 김종북 씨 부부의 삶에 깊은 흔적으로 남아 있으려니 그저 짐작이나 할 따름이다.

"나는 농사 기술이라는 말을 싫어해요. 적게 노력하고 많은 걸 얻겠다는 게 기술 아닐까요?" 평생 믿음을 실천하는 마음으로 땅과 대화하며 살아온 그에게 농사에도 특별한 요령이 있는 것처럼 말하는 '농사 기술'이라는 말이 싫은 것은 어쩌면 당연하다. '저비용 고효율'이라는 말처럼 적은 노력으로 많은 보상을 얻으라고 부추기는 자본주의의 속성이 자연도 인간도 결국은 살 수 없게 만들 것이라고 그는 이야기했다. 적어도 농사를 짓는 일만큼은 기교를 부릴 게 아니라 순리대로 식물을 이해하고 보살펴주면서 대화하는 것. 그것이 그가 생각하는 바른 농업이다.

달려가는 대신 조금 더 차분해졌으면

"내가 남에게 밥이 되는 것이 십자가의 길인데 온통 이기려고만 드는 게 자본의 논리고 돈의 힘이죠." 그는 사람들이 돈을 맹목으로 좇는 것을 성경에서 이야기하는 돈의 우상, 맘몬을 섬기는 것처럼 여긴다. 예수가 "너희가 하느님과 맘몬을 겸하여 섬길 수는 없을 것"이라고 한 말을 염두에 두고 하는 말로 여겨졌다.

그는 우리 농업의 앞날을 우려했다. 표현 그대로 옮기자면 '걱정한다'가 아니라 '귀추가 주목된다'고 했다. 정부가 40만 세대 남짓한 '농업생산단위'를 집중 육성하는 정책을 펴겠다고 한 것이나 일부 생활협동조합을 표방하는 조직들조차 자본의 논리를 끌어다 경쟁을 추구하고 소비자들도 인터넷 실시간으로 가격을 비교해 한 푼이라도 더 싼 물품을 구매하는 일을 생활의 지혜 정도로 여기는 지금의 세태에 대해 "그것은 자본의 논리인데" 하면서 "우리 농업의 장래에 귀추가 주목된다. 그 길을 선택하는 건 결국 우리 사회의 수준일 텐데" 라고 했다. 그 표현은 직접 개입해서 기어이 바로잡겠다는 결기 어린 말은 아니었다. 그러나 더 절절하고 안타까운 걱정이 배어 있었다.

"우리 사회가 좀 더 차분해졌으면 좋겠어요. 다들 이렇게 달려가고 있는데 명상을 하라고 할 수도 없고······." 지금은 꼭 그렇게 하진 못하지만 젊은 시절, 풀무원에서는 일 년에 한 달, 한 달에 일주일, 하루에 한 시간은 명상하는 시간을 가졌다고 한다. 아이들과도 하루 한 시간, 성경 읽는 시간을 가졌다. 아들들이 아버지의 삶을 온전히 이해하고 계승하고 있는 것도 그런 데서 나온 힘일 것이다. 그는 오늘날의 교육이 '대접받는 사람' 되는 길만 가르치고 있다며 염려했다. 텔레비전과 컴퓨터가 영악스러운 아이들은 길러 내는지 몰라도 예전처럼 생각이 여문 아이들은 보기 드문 것도, 셈 빠르게 이익만을 추구하는 세태 때문일 것이라고 생각한다.

"서로 나누고 섬기는 것을 추구하는 것이 공동체의 정신이고, 한살림의 정신도 거기 있을 텐데, 이제 한살림도 거대한 변화에 직면해 있어요. 진정을 이해하는 소비자들이라면 당장의 몇 푼 이익이 아니라 멀리 보고 속 깊은 선택을 해야 할 텐데……."

조금씩 소박하게 먹으며 집착 없이 가볍게 살면서 서로를 섬기는 삶. 흙에 기대 살면서 꽃과 풀밭에서 자라는 작물들과 대화하고 소통하는 농업. 그가 젊은 시절부터 공동체에서 실천하며 추구해 온 것은 이런 것이리라. 이것이 스스로 믿고 의지하는 신의 섭리에 따르는 일이며 신앙을 실천하는 일일 것이다. 이렇게 망설임 없이 평생 일관된 길을 묵묵히 걸어온 이들을 만날 때, 믿는 사람들에게 어떤 경외감이 느껴진다. 믿음이 없는 이의 눈에도, 그는 믿는 사람이고 믿음을 실천해 온 사람이라고 느껴졌다. 삶과 죽음처럼 인간의 의지가 아니라 신의 섭리가 관철되는 영역에 대해서는, 지혜롭게도 애달픈 집착은 일치감치 털어 버리고 담대하고 망설임 없이 땅에 기대서 평생을 살아온 것처럼 말이다.

협동이
희망의
근거이다

김찬모

경남 고성 공룡나라공동체

공룡나라로 간다. 대전통영고속도로를 따라 남쪽으로 달리면서 이 말이 떠오르자 빙긋 웃음이 머금어졌다. 공룡나라공동체에서 참다래농사를 짓는 김찬모 씨를 만나러 가는 길이었다. 공룡은 중생대 1억 6천만 년 동안이나 지구에서 가장 압도적인 존재로 군림하다가 6천500만 년 전에 홀연히 사라졌다. 떠올려보는 것만으로도 아득하다. 핵이니 온실가스 같은 것으로 지구를 만신창이로 만들고 있는 인류의 역사는 아무리 길게 잡아도 600만 년 남짓이다. 현생인류의 화석은 불과 13만 년 전 것이 가장 오래되었다. 인간들은 세상이 마치 자신들만을 위한 곳인 양 마음껏 방종을 저질러왔다. 그러나 최근에 벌어지고 있는 불길한 징조들은 어떤가? 이런 식이라면 과연 현생 인류는 공룡들이 살았던 기간의 100분의 1인 160만 년만큼이라도 생존을 이어갈 수 있을까? 그럴 수 있다 한들 그것이 지구별의 입장에서 바람직한 일일까? 공룡이라는 말을 떠올린 순간부터 이렇게 다소 황당하다 싶도록 거창한 생각들이 마구 떠올랐다.

공룡나라라는 생산자공동체의 이름은 김찬모 씨의 농장에서 불과 몇 km 떨어지지 않은 경남 고성 덕명리 해안가에 공룡발자국 화석들이 있기 때문에 붙여진 것일 터다. 이 지역에서 공룡발자국이 발견된 것은 1982년의 일이다. 바위에 새겨진 흔적이 사람들의 눈에 뜨인 것은 더 먼 옛날의 일이겠지만 세상에 알려진 것이 그렇다는 얘기다. 대구에서 나고 자란 그가 이곳으로 귀농해 자리를 잡은 것은 그로부터 두 해 뒤인 1984년, 그의 나이 서른 살 때다.

덕명리 해안의 바위 위에는 지름 20~30cm 내외의 공룡발자국이 무더기로 있다. 몇 년 전에 그 바닷가 너럭바위에 찍힌 발자국들 앞에서 아득한 세월을 떠올린 적이 있다. 발자국은 바다를 향해 이어지다가 뚝 끊겨 있었다. 이 발자국들은 어떤 순간의 흔적이었을까? 고성 해안가 말고도 남해안 지역에서는 모두 1만 개 이상 공룡발자국이 발견되었다고 한다. 흔적이 많다는 것은 그만큼 오랜 세월 밀집해 살았다는 증거일 것이다.

남녘의 밀밭에는 이미 종아리께까지 자란 밀들이 바람에 출렁이고 있었다. 고성군의 두호마을은 한살림이 1989년 멸종돼 가던 '우리밀 살리기 운동'을 시작한 곳이다. 이런 노력이 결실을 맺어 2010년에는 우리밀 자급률이 1%를 넘어섰다. 온전히 살아났다고 말하기에는 아직도 멀었지만 그래도 마음만 먹으면 우리밀 국수나 빵, 과자를 먹을 수 있게 되었다.

파랗게 출렁이는 밀밭을 보자 "제주도와 남해안에는 농한기가 없다" 던 제주의 한 농부가 한 말이 떠올랐다. 도시 임노동자들과 달리 농부들은 휴일도 없이 일하기 십상이다. 남쪽에서는 겨울에도 작물들이 자란다. 이들의 쉼 없는 노동이 과연 정당한 보상을 받고 있는지, 한미자유무역협정이 발효된 지 얼마 지나지 않았고, 미국에서 광우병 소가 발견됐는데도 정부는 태연하게 수입을 허용하던 즈음이었다.

귀농하기 전에 작물부터 정하다

고성군 하이면 봉현리 샛별농장. 김찬모 씨는 큰딸 김샛별의 이름을 따 농장 이름을 지었다. 귀농하던 무렵에 태어난 큰딸은 훌쩍 자라 프랑스에서 건축 공부를 하고 있다고 한다. 드넓게 펼쳐진 푸른 과수원을 연상했지만 그의 농장은 대부분 비닐 비가림시설로 가려져 있어 자칫 그대로 지나칠 뻔했다. 그는 공동체 회원들과 함께 선별기 앞에서 작업을 하다가 우리를 맞아 주었다. 웃으면 가늘게 활처럼 굽어지는 눈이 매력적이고 나이를 짐작하기 어렵도록 젊게 보이는 것도 인상적이었다. 리듬감 있는 대구 사투리가 섞인 말투는 자상하고 정감이 넘쳤다. 그는 참다래 농가들 사이에서 꽤 유명한 사람이다. 농장 입구에 있는 교육장에는 사람들이 꾸준히 찾아온다. 김찬모 씨가 이십여 년 동안 전국의 유기농 '선수'들을 찾아다니며 배우고, 더러는 연구와 고심 끝에 스스로 터득한 뒤에 수없이 임상 실험을 거쳐 쌓은 농사 지식과 경험들을 배우러 오는 것이다. 그의 농장은 국립농산물품질관리원이 선정한 '한국 100대 스타팜' 가운데 하나다. '스타팜'은 국립농산물품질관리원이 정한 우수관리인증(GAP) 농산물을 생산하는 농장 가운데 농도 교류나 농업기술교육 등을 맡아서 할 수 있는 우수 농가 100곳을 선발한 것이라고 한다. 정부가 정한 기준과 별개로 그는 이미 훨씬 더 엄격한 기준으로 유기농업을 실천하고 있다.

김찬모 씨는 우리 나이로 갓 서른이 되던 1984년, 고향인 대구를 떠나 이곳으로 귀농했다. 결혼한 지 일 년 만이었다. 그이보다 네 살 어린 아내 조옥자 씨는 남편의 결정에 별다른 토를 달지 않았다. 당시에는 귀농이라는 말조차 생소했고 너도나도 농촌을 떠나 도시로만 몰려들던 시절이라 그의 선택은 남달랐다. '전국귀농운동본부'가 설립되고 귀농이 하나의 사회적 흐름으로 자리 잡은 것은 1990년대 중반 이후부터였고, 1997년 말 IMF 쇼크로 도시의 삶 자체가 불안정하고 각박해지면서 더욱 본격화되었다. 귀농하기 전에는 어떤 일을 했는지 질문해 보았지만 "직장 생활도 하고 사업(장사)도 하고 안 해 본 일이 없었다"고만 대답할 뿐이다. 분명한 것은 귀농을 위해 꽤 주도면밀하게 준비했다는 점이다. 그는 처음부터 참다래농사를 짓겠다는 계획이 분명하게 있었다고 한다.

"지금도 저는 귀농하려는 분들에게 미리 작물을 정하라고 권해요. 귀농해서 생활을 꾸려가야 하니까 세심한 준비가 필요하지요. 할 수만 있다면 선배 농부 곁에 살면서 한 3년은 영농기술을 전수받으라고 말씀드려요."

처음 귀농해서 참다래 묘목을 심고 첫 소출이 나기까지 6~7년 동안, 그는 온갖 채소농사를 다 지으며 이루 말할 수 없는 고생을 했다.

"참다래는 농약도 필요 없고, 그냥 따기면 하면 된다고 부추긴 사람이 주위에 있었어요."

참다래 농사를 고집한 이유가 있었는지 묻자 그는 조금 어이없다는 듯이 웃으며 이렇게 대답했다. 그 웃음의 의미를 잘 이해하지 못하고 "정말 그런가요?" 하고 어리석은 질문을 이어갔다.

"에이, 그런 농사가 어디 있겠어요? 사과나 단감에 비하면 조금 수월하지만 거저먹는 농사가 어디 있겠습니까? 그리고 한 15년가량 유기농사를 짓고 나니까 조금 감이 오는데, 농사는 과학만으로는 설명할 수 없는 게 있어요. 과학보다는 '감'이 필요한 것 같아요. 교범에 나온 대로 정량의 퇴비를 주고, 정해진 작업을 한다고 농사가 잘되는 건 아니거든요. 유기농사는 과학보다는 생리를 이해하는 게 중요해요."

'생리를 이해하는' 농부가 되기까지 그는 꽤 혹독한 수업료를 지불했

"농사는 과학만으로는 설명할 수 없는 게 있어요. 과학보다는 '감'이 필요한 것 같아요. 교범에 나온 대로 정량의 퇴비를 주고, 정해진 작업을 한다고 농사가 잘되는 건 아니거든요. 유기농사는 과학보다는 생리를 이해하는 게 중요해요."

다. 생면부지의 타향에 자리를 잡는 일부터가 쉽지 않았다. 참다래가 열매 맺기 전까지는 딸기를 빼고는 거의 모든 작물을 심었지만 품값도 건지지 못한 일이 다반사였다. 새벽부터 밤늦게까지 고되게 일해도 생활은 늘 위태로웠다.

혹독한 수업료 내고 터득한 유기농사

1990년 초중반까지 우리 사회에서 유기농이나 친환경농사라는 개념은 낯설었다. 친환경농사를 짓겠다고 하니까 고성군에서는 아예 그를 미친 사람 취급했다. 그러나 선택의 여지가 없었다. 비닐하우스 안에 안개처럼 분사되는 농약을 보며 그는 천근만근 마음이 무거웠다. 마음만이 아니라 실제로 세 번이나 농약중독을 겪었다. 달달 볶이는 도시살이를 피해 느긋하게 살자고 농촌에 왔는데 '이게 뭔가?' 하는 회의가 깊어졌다. 농사를 접고 다시 고향으로 돌아갈 생각도 여러 번 했다. 그러나 실패하고 돌아가 친구들을 만나는 광경을 떠올리면서 이를 악물고 참았다. 아내 조옥자 씨도 남편에게 훗날에야 "몇 번 보따리를 쌌다가 풀었다"는 말을 종종 했다.

　친환경농업으로 전환하게 된 것은 이런 식의 농사에 회의가 깊어지던 1994년경이었다. 농약과 비료를 쓰지 않고도 농사를 짓는 이가 있다는 소문만 들으면 그는 어디든 찾아가 비결을 물었다. 충북 괴산에 있는 자연농업협회에서 열고 있는 연찬회에 참여한 것도 그 즈음이었다. 자연농법을 전파한 조한규 씨는 수원농고를 졸업하고 젊은 시절에 일본에서 농업연수를 하면서 《짚 한 오라기의 혁명》 등으로 우리나라에도 알려져 있는 후쿠

오카 마사노부나 '야마기시공동체'를 만든 야마기시 미요조 같은 이들의 영향을 받았다고 한다. 이들의 영향만이 아니라 스스로 연구한 원리들을 토대로 그는 자연법칙에 최대한 순응하는 농법을 체계화해 '자연농법'이라고 이름 붙였다. 가령 제초제와 화학비료, 농약 등을 쓰지 않는 것은 친환경농업을 하는 이들에게 일반적인 일이지만 그뿐 아니라, 밭을 갈아엎지 않고 미생물 등의 도움으로 흙을 부드럽게 하는 '무경운농법'이나 농지 인근에서 토종미생물이나 효소를 채취한 뒤 배양해 이를 양분으로 주는 일, 주변에 나는 풀을 베어내 멀칭을 하거나, 순지르기한 곁눈이나 풀을 갈아 만든 녹즙, 유산균 등을 비료와 농약 대신 주면서 땅심을 길러 땅과 작물이 스스로 해충을 조절하고 성장을 왕성하게 하는 식이 그의 농법인데, 이는 유기농업 농가들에도 많은 영향을 주었다.

김찬모 씨는 농약을 치지 않고도 농사를 지을 수 있는 길을 찾은 게 좋아 이웃들에게도 자연농업협회의 연찬에 참여하라고 권했다. 참가비의 절반인 10여만 원을 작목반에서 지원했다. 고속도로가 뚫리기 전이라 꽤 멀었던 괴산까지 직접 차를 운전해 사람들을 모시고 다녔다. 그는 자연농법에만 머물러 있지도 않았다.

"자연농법에서 생명농업의 원리를 배운 것은 맞지만, 설탕으로 미생물을 배양하는 일이 온전히 옳은 것만도 아니고, 그래서 제 나름의 연구를 다시 했어요."

그는 은행나무, 자리공, 제충국, 소리쟁이의 뿌리, 석창포같이 벌레나 세균을 막는 데 효과가 있다고 알려진 식물들을 이용해 천연 농약을 만들어 쓰고 있다. 이들 식물을 고온으로 가열하면 식물의 에센스가 기화되고, 이것을 냉각파이프로 통과시키면 다시 액화되면서 농약이 추출된다고 한다. 이것은 살균과 제충 효과뿐만 아니라 흙과 작물에 유기질을 공급하는 영양제로도 효험이 있어 멀리서도 찾아와 이 천연 농약을 사가는 이들이 꽤 많다고 한다.

이웃들과 공동체를 일궈 온 과정에 좌절의 순간이 무척 많았다고 했다. 처음에 이웃들은 교육을 알선하고 공동 판매를 제안하고 영농 시설을 유치하는 그의 선의를 의심했다. 뭔가 제 잇속을 챙기려는 속셈이 아니라면 이유 없이 남에게 이렇게 선심을 베풀 리 없지 싶었던 것이다. 게다가 타지 출신이 겪어야 했던 텃세도 여간이 아니었다. 심지어 1987년 그 유명한 태풍 셀마가 왔을 때, 재해보상금이 나왔는데 마을 사람들끼리만 나눠 갖고 비닐하우스 6천 m²가 뿌리 뽑힌 그에게는 알려 주지도 않을 정도였다. 이제 그가 이 마을에 뿌리내린 지 30년 가까이 지났다. 어쩌면 굴러들어온 돌과 같은 존재였지만 오히려 그 때문에 마을 분위기가 사뭇 달라졌다. 그의 안내로 마을의 28가구가 공룡나라공동체 일원이 되었다. 이 가운데 한살림에 참다래를 내는 집이 17가구, 밀을 내는 집이 5가구, 고사리를 내는 집이 6가구다. 이들은 매월 월례회의를 하고, 수시로 만나 공동 작업을 한다.

칠레산보다 네 배 비싸게 팔린 참다래

김찬모 씨는 상황에 수동적으로 끌려가는 사람은 아니다. 어떤 생각을 정

하면 그에 따라 현실을 변화시켜야 하고, 이웃들과도 힘을 모아야 직성이 풀리는 사람이었다. 예전의 고성군 하이면에는 쌀과 보리농사를 짓는 집들이 대부분이었다. 지금도 '논다랑이'가 수두룩하고 경지 정리를 해도 면적이 채 3천 ㎡가 되지 않는 논들이 많을 정도로 농사 규모들이 작다. 당연히 소득이 적고 가난한 집들이 대부분이었다. 그가 처음부터 목적을 가지고 마을에 대한 고민을 했는지는 모르겠다. 그러나 그는 차근차근 현실을 바꿔 나갔다.

"혼자 하는 것보다 둘이 하면 훨씬 쉽고 다섯, 열 명이 모이면 사정은 달라집니다. 다들 약자들인데, 뭉쳐야죠. 뉴질랜드의 세계적인 키위회사 '제스프리'도 농민들이 출자해서 세운 회사입니다."

협동은 불가능해 보이던 일을 가능하게 만들었다. 고성군에서는 중간도매상들이 다니면서 나무에 열매가 달리면 그대로 1kg에 얼마, 이렇게 가격을 후려쳐서 헐값에 사들이는 일이 보통이었다. 부당하다 싶어 그는 직접 차를 몰고 청과물 도매시장이 있던 서울 경동시장에 가서 판로를 개척했다. 참다래농사를 짓는 작목반이 함께 선별하고 포장해서 공동판매를 해 훨씬 소득이 높아졌다. 1990년 무렵에는 지자체의 도움을 받아 저온저장시설도 마련했다. 수확기에는 가격이 떨어지고, 이후 차차 나은 가격을 받게 되는 과일농사에 저온저장시설은 꼭 필요했다. 키위는 11월에 수확을 해 다음해 초여름까지 출하한다. 처음에 이웃들은 저온저장시설 이용도 꺼렸다. 나중에 시장 가격이 떨어지지나 않을까, 과일이 상하기라도 하면 어떻게 하나, 하는 걱정 때문이었다. 그러나 한두 해, 두 배 이상 높은 가격으로 꾸준히 출하하는 광경을 보고는 차츰 작목반에 참여하기 시작했다.

　또 하나 해결해야 할 문제는 태풍이나 냉해 등 기후의 영향에서 생산을 안정화시키는 일이었다. 넓이 2만 4천㎡가량 되는 샛별농장에는 높이 4m가량의 비가림시설이 돼 있었다. 비닐을 둘러 놓았지만 지붕은 밀폐되지 않아 바람과 햇살은 그대로 쏟아져 들어오게 돼 있었다. 3.3㎡당 8만 원가량 꽤 비싼 시설비가 필요했다. 이 비용은 정부가 칠레와 자유무역협정(FTA)을 체결하면서 절반을 무상으로 지원하고, 절반은 저리 융자를 알선해 주어 마련했다. 이곳은 연례행사로 태풍이 거쳐 가는데다, 최근에는 기상이변으로 남해안에서도 동해를 입히는 강추위가 몰아치기도 했다. 태풍에 잎이 떨어지면 참다래 수확량이 현저히 준다. 그의 농장도 400t 생산하다가 태풍 때문에 100t도 생산하지 못하는 경우도 있었지만, 이제 최소한 그런 재해는 막아 낼 수 있게 되었다. 비가림시설이 된 농장 안은 생각보다 쾌적했다. 한여름에는 오히려 바깥보다도 기온이 낮다고 한다. 나무 밑에는 갖은 풀들이 어우러져 한세상을 이루고 있었다. 곳곳에 심어둔 명이나물과 곰취, 딸기 등도 눈에 띄었다. 나무 밑동을 높게 돋워 둔 것도 눈길을 끌었다.

　"프랑스의 농장에 가보니까 밭고랑을 다 높게 돋아 뒀더라고요. 100년에 한 번 정도 물이 드는데, 거기에 대비해 그랬다고 해요. 여기도 혹시 장마 때 습해를 입을까 싶어 이렇게 했어요."

　이렇게 한 걸음씩 나아간 결과, 그의 마을은 칠레산 수입 키위보다 네 배가량 비싼 값에 팔리는 참다래를 생산하게 되었다. 그는 물론이고 주민들의 형편도 나아졌다. 현실을 그대로 두고 보지 못하는 그에게 혹시 귀농 전에 사회운동의 전력이 있는지 물었다.

"전혀 없습니다. 주위에는 농민회 활동을 하신 분들이 있지만, 대개들 생활이 너무 어려워요. 생활 대안을 마련하면서 사회를 바꾸는 일도 병행할 수 있었으면 좋겠는데, 그러면 주민들도 더 많이 참여할 텐데요."

현실을 바꾸는 일에 대해 지사적 결단과 결연한 희생만을 연상하는 이들이 귀 기울일 만한 말이다. 그는 거창한 구호를 내세우지는 않았지만 자신의 삶을 바꾸고 마을 사람들의 삶을 바꾸었다. 이것이 운동이 아니고 무엇일까.

김찬모 씨는 2004년에 한살림을 만났다. 설명을 들어 보니, 한살림은 이미 그가 마을 사람들과 꾸려가던 고성군참다래연구회 작목반 운영 원리와 별반 다를 게 없었다. 땅도, 사람도 살리는 농업을 강조하는 것도 그랬고, 직거래를 통해 농민들의 소득을 보전하려는 것도 마찬가지였다. 농민들이 공동으로 생산하고 공동으로 판매하는 협동 원리를 강조하는 것도 그랬다. 이전에 다른 생협과 잠시 거래를 한 적이 있었는데 너무 터무니없이 가격을 후려치려고만 해서 자존심이 상해 관계를 끊은 적이 있었다. 그러나 적정한 가격을 보장해 주려는 점에서 한살림의 태도는 확연히 달랐다고 했다.

농업이야말로 협동하는 삶

참다래협회 같은 농업단체 일로 10여 년 동안 밖으로 나돈 탓에, 붙박이로 농장을 지켜야 했던 아내에게 그는 늘 빚진 마음으로 산다고 했다. 그런데 2011년 2월부터 덜컥 한살림경남서부생산자연합회 회장과 한살림경남 이사를 맡게 되었다(2014년 현재 한살림생산자연합회 회장). 헤아려 보니 지난 1년 동안 무려 120회나 크고 작은 회합에 참여해야 했다. 만만한 일이 아니다. 열정이 넘치고 관계와 일을 잘 풀어온 재능을 남과 나누면서도 농사에 집중할 수 있게 하는 시스템을 만들 수는 없을까? 함께 숙제를 떠안은 기분이 되었다.

그는 농사지은 참다래의 절반 정도는 한살림에 내고 나머지는 공룡나라 누리집을 통해 인터넷 판매를 하고 있다. 참다래는 한국에 1980년 중반 이후부터 본격적으로 시장에 나오기 시작했다. 그가 농사를 시작한 무렵이다. 참다래나무는 다래나무처럼 덩굴로 뻗어나가고 가을이면 잎이 지고, 30년 정도 지나면 나무를 바꿔야 한다. 김찬모 씨의 설명에 따르면 중국의 양쯔강 유역이 원산지였는데, 20세기 초 뉴질랜드에서 품종을 개량하여 자기 나라를 대표하는 과일로 발전시켰다고 한다.

생각을 그렇게 해서 그런지, 공룡나라와 참다래는 참 잘 어울린다 싶었다. 우선 외양부터가 우리에게 익숙한 여느 과일들과는 참 다르다. 조류나 파충류의 알처럼 타원의 공 모양이고 크기도 달걀만 하다. 흙빛의 표면에는 잔털마저 나 있다. 어린 시절 먹어본 다래는 열매가 애달프게도 작아서 늘 감질났다. 뉴질랜드 상징새 키위와 비슷하다고 해서 우리나라에서도 키위로 불리던 이 과일은 서양다래라고 양다래라 불리다 참다래라는 이름으로 정착되었다. 다래보다 더 크고 달고 흡족하다는 뜻이리라.

재작년 겨울, 기상이변이랄 수 있는 혹독한 추위로 사과나무와 포도나무가 절반 이상 얼어 죽었다. 기계로 찍어 내는 물건들이라면 사정이 달랐겠지만 농사에는 어쩔 수 없는 일들이 있다. 싹이 트고 잎이 자라고 꽃이 진 뒤에 열매가 맺는 기다림의 시간 말이다. 아무리 갈급한 조바심이 들끓어도 닭의 배를 갈라 달걀을 꺼낼 수 없듯 얼어 죽은 나무를 단박에 성한 나무로 갈아치울 수 없다는 이치를, 과일이 나오지 못하던 식탁에 앉아 간간히 공룡나라에서 온 참다래로 갈증을 달래가며 떠올려야 했다.

정부는 중국과도 자유무역협정을 추진하고 있다. 우리 농업은 치명상을 입을 것이다. 농업을 거추장스럽게 여기는 데에는 여야가 따로 없는 것 같다. 농업이 쓰러지고 나면 우리 사회가 언제까지 지탱할 수 있을까? 김찬모 씨 같은 상록수의 후예들이 얼마쯤은 거대한 물줄기의 흐름을 늦추고 노쇠한 농촌과 우리 농업을 지탱할 수 있을 것이다. 하지만 다음 세대인 우리 아이들의 밥상까지도 지킬 수 있을지는 모르겠다. 우리가 함께 살아가는 이웃 모두와 깊이 대화하면서 이 거대한 흐름을 틀지 않으면 무슨 희망이 있을까? 발자국만 남기고 사라진 공룡들처럼 인간은 자기 생존의 근거를 허물어뜨리고 또 하나의 흘러간 패자가 될 운명을 향해 나아가고 있지는 않은가?

'내용 있는 밥'
나누어 먹고
함께 쉬는
그날 향해

이백연

전북 변산 산들바다공동체

전북 부안군 인구는 계속 줄어 채 6만이 되지 않는다. 서쪽 바다로 툭 튀어나온 변산반도는 부안 읍내에서도 꽤 떨어져 있다. 바닷가에 있지만 산세도 험하고 수려하다. 바다와 갯벌에서 나는 갯것이 풍부하고 들판도 비옥하고 드넓다. 고속도로를 달리는 동안 어쩐지 조마조마하고 각박하던 심정이 변산으로 접어들면서 마음이 툭 트이고 안도감이 들었다. 이 땅의 기운이 사람에게도 작용하기 때문일 것이다.

실학자 반계 유형원 같은 이들이 이리로 유배왔던 일이나 이곳이 부안군당 빨치산들의 활동 근거지였다는 것을 떠올려 보면 개인의 입신양명보다는 스스로가 추구하는 가치를 위해서는 박해도 아랑곳하지 않는 어떤 반골기질 같은 게 이 고장 사람들 유전자에 이어져 있는지도 모르겠다. 변산에 들어가는 길에 마주치게 되는 '세계 최장'의 새만금방조제를 지날 때면 목이 졸리기라도 한 것 같아 괜스레 창을 열고 바깥바람을 들이지 않을 수 없었다. 이 기괴한 방조제는 '세계 최고'를 갱신한 것 말고는 도대체 무슨 소용이 있었을까? 농사가 늘지 않은 것은 물론이고 갯벌과 연안에 기대어 살던 셀 수 없이 많던 생명들은 도대체 어떻게 되었는지, 지역민들은 세계 최고 방조제 덕에 얼마나 더 윤택하고 행복해졌는지.

무슨 수를 쓰더라도 돈을 더 벌어야 한다는 생각과 뭇 생명이 조화를 이루며 지속돼야 한다는 말은 서로 소통할 수 없는 전혀 다른 차원의 이야기이다. 지난날의 부박한 시대정신이 새만금 물막이를 추구하고 시민들의 방조가 이를 용납했다면 이제부터는 어떻게 할 것인가? 4대강에 뒤집어씌운 콘크리트나 거대한 부조리 같은 세계 최장의 방조제를 말이다.

특별한 만남이 그를 '문제적 농민'으로 만들다

변산에서 모항 방향으로 달리다 채석강에서 얼마 멀지 않은 지점에 이백연 씨가 사는 도청리가 있다. 그는 나고 자란 이 마을에서 평생을 살았다. 한평생 마을을 떠나본 적 없지만 그는 농민운동이나 생태농업운동을 하는 사람들에게는 꽤 알려진 인물이다. 그는 3년째 한살림생산자연합회 전북권역 대표를 하고 있었다.

그는 초등학교를 졸업하자마자 이내 어머니를 도와 농사를 지어야 했다. 밖으로 다니기를 좋아하던 아버지가 집안 돌보는 일을 등한히 한 까닭이었다. 아들로는 맏이인 그가 어머니와 함께 생계를 위해 묵묵히 농사를 지었다. 그런 처지를 달가워하지는 않았겠지만 그 때문에 특별히 고통스러웠다는 내색도 하지 않았다. 그의 성정 자체가 그런 것 같았다. 전해들은 것만으로도 지난 세월 손에 땀을 쥐게 하는 일들을 많이 겪었을 텐데, "그땐 다 그랬잖아요. 착실하게 농사 잘 지어야 한다는 생각뿐이었지요" 하는 식으로 대수롭지 않게 말하곤 했다.

그를 두고 변산공동체를 이끌던 윤구병 선생은 "이백연 씨는 학교는 많이 못 다녔지만 그런 것과는 무관하게 세상 보는 눈이 정확하고 이치에 밝다"고 했다. 짧은 만남을 통해 그의 됨됨이를 다 이해할 수는 없겠지만, 뜻을 세우고 묵묵히 한길을 걸어온 그의 주변에 사람들이 모여 '내용 있게' 더불어 살고 그것이 주변에 영향을 준 일만 생각해도 그는 한 세계를 이룬 사람이라는 생각이 들었다.

살아온 이야기를 듣다 보니 그의 삶에 큰 영향을 준 것은 아무래도

1974년경 마을로 이사 온 오건·이준희 씨 부부인 것 같았다. 그들은 이백연 씨가 열일곱 살이던 그 해에 같은 마을로 이주해 왔다. 1980년대에는 노동 현장뿐만 아니라 사회운동을 목적으로 이른바 '농투신'을 한 사례들도 적지 않았다. 그러나 현장투신이라는 개념조차 드물던 1970년대 중반에 전기도 들어오지 않는 변산의 도청리로 신혼부부가 이사한 일은 오건 씨의 부친인 소설가 오영수 씨가 쓴 자전적인 소설 《어린 상록수》에 잘 드러나 있다. 판화가 오윤 씨의 동생이기도 한 그는 어쩐 영문인지 어릴 때부터 농사에 뜻이 있었고 지향에 따라 농대에 진학했고 대학을 졸업할 때까지 뜻이 맞는 선배 동료들과 뜻을 실현할 농장 터를 물색하며 전국을 누빈 끝에 이 마을에 정착했다고 한다.

"그분들은 워낙 뜻이 있었던 분들이고, 한마을에 살다보니까 자연스럽게 교류를 했죠. 농대를 졸업하고 온 분들이라 새로운 농법을 하는데 처음에는 신기했어요. 예를 들면 그때까지 우린 배추를 그냥 직파했는데 모종을 길러서 밭에 내는 일 같은 게 그래요."

지금도 서울이나 도회지와 멀리 떨어진 곳이긴 해도 모항에서 머잖은 도청리는 《어린 상록수》에도 묘사되었지만 부안읍에서도 백여 리를 들어가는 전기도 들어오지 않는 외딴 오지였다. 이 외진 시골에서 묵묵히 농사를 짓던 청소년기의 이백연 씨에게 이들 부부와의 만남은 각별한 의미가 있었다.

"나는 한창 젊은 때니까 호기심도 강하잖아요. 그분들이 하는 새로운 농사법이나 사회에 대한 인식이 모두 새로웠어요. 관심이 끌렸지."

혼수로 손수레와 자전거를 마련해서 이 마을로 살러 온 오건 씨 부부는 7년 동안 꽁보리밥만 먹으며 손수레로 황무지를 개간하고 농장을 일구었다고 한다. 그는 '이웃에 사는 농민의 절반 정도가 쌀밥도 먹고 텔레비전을 갖기 전에는, 쌀밥도 먹지 않고 텔레비전도 갖지 않겠다'거나 저수지에서 돌을 주워 집 지을 준비를 할 때 이를 지적한 마을 사람들의 반응에 대해서도 '두려운 일'이라고 일기에 기록했을 만큼 운동가의 자세가 철저한 사람이었던 것 같다.

그와의 인연이 계기가 돼 이백연 씨는 2박 3일, 3박 4일씩 수원에 있던 크리스찬아카데미 사회교육원으로 가 교육을 받았다. 강사로 나온 이들은 이우재, 장상환, 황환식 같은 이들이었다. 이들에게 듣는 이야기는 적잖은 충격을 주었다. 세상을 보는 눈이 달라진 것이다. 그는 "가슴이 뛰었다"고 했다. 그 뒤로 지금까지 개인의 이익보다는 추구하는 가치를 향해 망설임 없이 자신을 던지는 '문제적 농민'이 된 것이다.

소몰이 투쟁과 부안핵폐기장반대투쟁의 한가운데에서

아내 정복자 씨를 만난 것은 1983년이었다. 전남 곡성 출신인 아내는 그 무렵 많은 이들이 그랬던 것처럼 고향을 떠나 서울 인근 덕소에 있는 공장에서 일했다. 이백연 씨와 같은 마을에 살던 후배가 같은 공장에 다니고 있다가 "좋은 언니, 좋은 오빠 소개해 주겠다"고 해서 서울에 올라가 선을 보고 그해에 결혼했다. 부부 사이에는 직업군인으로 근무하고 있는 큰아들 이정현 씨, 취업을 앞둔 딸 이윤희 씨, 군에서 제대해 복학을 앞둔 작은

호랑가시나무가 붉은 열매를 매달고 있는 집 마당에서 아내와 나란히 서서 사진을 찍으라고 하자 이백연 씨는 더할 수 없이 다정한 표정으로 아내의 얼굴을 들여다보면서 얼굴을 쓰다듬어 주고 옷매무새를 고쳐 주었다.

아들 이정우 씨 이렇게 삼남매가 있다. 호랑가시나무가 붉은 열매를 매달고 있는 집 마당에서 아내와 나란히 서서 사진을 찍으라고 하자 이백연 씨는 더할 수 없이 다정한 표정으로 아내의 얼굴을 들여다보면서 얼굴을 쓰다듬어 주고 옷매무새를 고쳐 주었다.

    삼십 년 가까이 함께한 부부의 결혼 생활은 분명 평탄하지 않았을 것이다. 두 사람 사이의 문제 때문이 아니라 그들이 늘 관심을 열어두고 있던 세상일들 때문에 말이다. 1985년 소몰이투쟁이나 2003년 부안 핵폐기장반대투쟁 같은 일에도 이백연 씨는 늘 한복판에 있었다. 이제는 기억에서 가물가물해졌지만, 2003년 당시의 핵폐기장반대투쟁은 부안군 전체를 펄펄 끓게 했다. 인구 7만도 안 되는 그곳에서 무려 4천500명이 상경해서 집회를 했고, 부녀자들이 긴 머리를 삭발하는 광경은 사람들에게 큰 충격을 주었다. 이백연 씨도 그 일로 일 년 가까이 옥고를 치렀다. 그가 속해 있는 산들바다공동체 여성생산자 가운데 무려 여섯 명이 삭발에 참여했다. 그 당시 참여정부는 갖가지 논리로 주민들을 공격하고 핵폐기장 건설의 당위를 설명했다. 그 일에 앞장섰던 당시의 부안군수는, 핵발전이 안전하고 핵폐기물도 안전하게 관리할 수 있다는 믿음이나 어떻게든 지역에 돈을 끌어오고 경제를 살려보겠다는 나름의 생각이 없지는 않았을 것이다. 그러나 이제 와서 돌아보니 군민 전체가 일치단결해서 막아낸 일이 부안군을 얼마나 자부심 넘치는 곳으로 만들었나? 후쿠시마 핵발전소가 무너지고 난 뒤 속수무책의 나락으로 빠져들고 있는 일본의 모습을 보면 더욱 그런 생각이 굳어진다.

천 근은 나와야 꾸려갈 텐데 이삼백 근도 안 나왔어요

농민운동에 열심히 참가하던 그가 유기농사를 시작한 계기는 무엇이었을까? 아무래도 1980년 초중반의 사회적 움직임이 변산에 있는 그에게까지 작용한 원인도 있을 것이다. 직접적인 계기는 정경식 씨와의 만남이었다. 정경식 씨는 풀무원농장에서 3년 동안 유기농업을 실습하고 1983년 변산으로 귀농했다. 그도 처음에는 오건·이준희 부부의 농장에서부터 농사를 시작했다고 한다. 유기농사를 시작할 무렵의 어려움은 정경식 씨가 한 귀농학교 강의 등을 통해 꽤 알려졌다. 가진 것 없이 자급을 목표로 농사를 시작한 그들의 논에서 잘 자라던 벼들이 벌레들 때문에 하얗게 죽어가자, 아이를 업고 뙤약볕 아래서 같이 일해 온 아내는 당장 굶주릴 일이 두려웠다. 그래서 좀처럼 고집을 꺾을 것 같지 않은 남편에게 "딱 한 번만 농약을 치자"고 눈물로 호소했다. 아내와 아이들을 굶기면서 무슨 유기농이란 말인가, 하는 절망적인 생각에 그는 십 리 길을 단숨에 달려가 농약을 사들고 왔다. 그러나 결국 해질녘 바람결에 춤추는 벼 포기들을 보면서 생명에 대한 경외감 같은 것을 느끼고 농약 치는 일을 포기했다고 한다. 이백연 씨도 그 무렵 그와 다르지 않은 일들을 겪었을 것이다. 그러나 그는 무슨 이야기에서도 자신을 대수롭게 내세우는 법이 없었다. 그냥 덤덤하게 그런 일이 있었다고 지나가는 말처럼 범상하게 이야기할 뿐이었다.

지금도 그렇지만, 그가 유기농업을 처음 시작하던 1980년대 중반에는 어디서 특별히 그런 농사 기술을 배울 곳이 없었다. 그저 귀동냥을 하거나 경험자들이 하는 좌담회 같은 데를 열심히 쫓아다니는 수밖에 없었다. 그러나 이미 자신의 유불리와 무관하게 신념에 따라 움직이는 사람인 그는 몇 해 연속으로 농사에 실패를 하면서 생계가 막연했지만 포기할 생각은 하지 않았다.

"고추 천 근은 나와야 내년 농사 자금 마련하고 도지 내고 생활을 꾸려갈 텐데 한 10년 동안은 계속 이삼백 근도 안 나왔어요. 빚은 쌓여 가고 어려웠는데, 10년쯤 지나니까 땅심이 살아나고 기술도 쌓여서 일정한 생산을 유지할 수 있었어요."

농민운동가로 살아온 일이 후회되지는 않는가 하는 질문에 대한 답도 마찬가지였다.

"글쎄, 뭐 대단한 운동을 한 건 아니고요. 그런 사람들을 안 만나고 농민운동 같은 거 안 했으면 아마 돈은 많이 벌었을 것 같아요. 내가 어릴 때부터 일을 해 와서 눈치 빠르고 생활력은 강하거든, 허허."

그는 정경식 씨를 포함해 변산의 농부 예닐곱 사람과 함께 1980년대 말 전주 시내의 소비자들과 직거래운동을 시작했다. 1986년 12월에 한살림이 출범한 지 3년쯤 지난 뒤였다. 전라도 지역에서 시작된 최초의 생협이었다.

"한울생협은 한동안 아주 착실하게 유지됐어요. 아주 탄탄했죠. 그런데 운영을 하다 보면 이런저런 시설도 필요하고 그렇잖아요. 생산이나 소비자의 규모는 더 이상 늘지 않은 상태에서 생산자가 보기에는 조금 감당하기 어려운 투자도 일어나고 그러면서 경영이 어려워졌어요."

한울생협을 회상하는 그의 얼굴에 얼핏 회한이 비쳤다. 이웃들이 해

주는 말에 따르면 그 무렵 그는 농사를 지으면서 직접 편도 한 시간 반 거리에 있는 전주 시내까지 물품을 공급하러 매주 오갔다고 한다. 그런 그를 좀 말려 달라고, 늙은 노모는 이웃의 친구들 손을 붙잡고 하소연을 하시곤 했다고 한다.

그가 한살림을 만난 것은 1990년대 중반이었다. 이미 1970년대부터 가톨릭농민회(가농) 회원이었고 오원춘 사건이나 함평고구마 사건, 쌀 생산비 조사사업 같은 이런저런 집회에서 가농의 회장이던 박재일 선생을 먼발치에서나마 늘 보아오던 차라 한살림에 대한 신뢰는 굳건했다. 한살림은 그 무렵 이미 어느 정도 안정된 규모와 체계를 갖추고 있었다. 그가 직접 말하지는 않았지만 한살림에 물품을 내면서 어려운 사정은 조금 개선되었던 것 같다. 그러나 한울생협의 출발 때부터 관여했고 농사를 지으면서 그 먼 길을 마다않고 직접 물품을 나르며 열정적으로 조직을 꾸려 왔던 그에게는 한살림과 한울이 함께 결합했으면 하는 바람도 있었다. 그러나 그 뜻은 이루어지지 않았다. 지역에서 독자적인 생협을 꾸려 간다는 자부심과 상대적으로 규모가 큰 선발 생협에 흡수되는 형태의 합병에 대해 정서적인 반발이 컸기 때문인 것 같다고 그는 말했다.

"한울은 지역에 서로 가까이 있는 생산자와 소비자가 밀접하게 결합돼 있으니까 아무래도 더 가족적이었죠. 그러나 한살림 소비자들과 교류하면서 보니까 아이들에게 일러주는 말이나 행동거지가 수준들이 보통이 아니더라고요."

그는 이렇게 한살림 사람이 되었고 지금은 주요 생산자 가운데 한 사람이 되었다. 그는 지금의 한살림에 대해 "소비가 늘어나는 데 비해 새로운 생산자는 늘지 않고, 해 오시던 분들은 나이 들다 보니 개별 생산자들 생산 규모가 커지고 친환경 농자재 구입 비용도 늘 수밖에 없잖아요. 이게 앞으로 해결해야 할 숙제인 것 같아요. 또 생산자들 가운데 일부는 억대가 넘게 공급을 하는 이가 있는가 하면 대개는 형편이 크게 나아진 사람이 없는 것 같아요."

변산공동체와 산들바다공동체

이백연 씨의 인연 가운데 아무래도 가장 중요한 이들은 윤구병 선생과 '변산공동체'의 식구들이었던 것 같다. 《뿌리깊은나무》의 초대 편집장이기도 했던 윤구병 씨는 1995년 충북대 철학과 교수직을 내던지고 '저소비 자급자족'하는 삶을 지향하는 공동체를 변산에서 시작했다. 귀농운동본부가 설립된 것도 그 무렵의 일이고 '자발적 가난' 같은 말들이 사람들 입에 오르내린 것도 그 즈음이었다. '잘 먹고 잘 사는 일'이 단순히 재화를 쌓아놓고 호의호식하는 것이 아니라는 생각이 우리 사회의 한 흐름으로 생겨난 즈음이다.

이백연 씨는 변산공동체가 추구하는 농사와 교육이 일치된 대안교육에 뜻을 같이 하고 큰아들을 그곳에서 길렀다. 그러나 짐작할 수 있듯이, 관행을 거슬러 대안을 찾아 실험에 나선 이들을 기다리고 있는 것은 시행착오의 혼란과 예기치 못한 시련들이기 쉽다. 최근에는 다시 공동체학교의 학생도 이십여 명으로 늘어 운영이 활성화되고 있지만, 큰아들이 다니던 초창기에는 학생들도 학부모도 힘든 점이 적지 않았던 것 같다. 그는 그 일에 대해서

도 단지, "큰애는 고등학교를 부안에 있는 일반고등학교로 갔어요. 아이는 공동체학교 생활을 그다지 재미있어 하지 않았어요. 농사짓는 집에서 태어나 자랐는데 학교에서도 늘 농사를 하니께." 하며 웃고 말 뿐이었다.

도시 소비자들 가운데는 그가 일하는 산들바다공동체를 찾아가고 싶어 하는 이들이 많다. 변산이 자연 풍광도 넉넉하고 수려하지만 젊은 생산자들이 합심해서 꾸려가는 공동체에 늘 활력이 넘쳐나기 때문이다. 어찌 보면《아름다운 삶 사랑 그리고 마무리》의 니어링 부부가 살던 버몬트주의 농장만큼이나 도시 사람들에게 위로와 희망을 주는 대안 공간으로 자리 잡아 가고 있다. 그래서인지 폐교가 된 마포초등학교는 여름철이면 서울 수도권 지역 등에서 찾아온 소비자들로 늘 분주하다. 마포초등학교를 마을 공동체 공간으로 살려낸 일도 여간 힘들지 않았다고 한다. 지금은 한살림 생산자 조직인 산들바다공동체와 변산공동체, 그리고 지역의 유서 깊은 풍물패 '천둥소리' 등이 합심해서 운영하고 있다.

그에게 농사일하는 곳에 가보고 싶다고 했더니 그냥 맥없이 웃었다. 어제까지 무를 한 트럭 뽑아서 서울로 보냈고 오늘 할 일은 보여주기가 뭣하다는 말을 한다. 애써 기른 시금치를 갈아엎는 일을 해야 하기 때문이란다. 이상기후로 여름 동안 계속 비가 내려 애를 먹었고 실제로 고추는 완전히 녹아 버렸지만 그 뒤로는 날이 좋아 작물들이 기가 막히게 자랐다고 한다. 그런데 성장이 빨라져 출하 일정이 맞지 않았다고 했다. 1천 평은 족히 돼 보이는 땅에서 제대로 자란 시금치와 알타리무의 수요처를 찾지 못한 탓에 그는 애써 무심한 표정을 지으며 예취기로 갈아 냈다. 목이 잘려

널브러진 시금치들이 뿜어내는 날것의 비릿한 냄새가 마음을 처연하게 만들었다. 곁에서 지켜보는 것만으로도 마음이 아려 한 보따리 뽑아서 서울로 가지고 왔다. 자식처럼 기른 유기농 시금치를 갈아내는데도 무덤덤한 표정을 지을 정도로 그는 무심한 사람일까?

"속상한 건 말할 수 없지유."

말끝을 은근하게 늘이는 그 지역 사투리로 말을 꺼내곤 잠시 허공에 눈길이 머문다. 하고 싶은 말이 열 가지 있어도 겨우 하나를 꺼내놓을까 싶게 말을 아끼는 그다. "뭐 좋은 얘기겠냐?"며 좀체 속내를 비치지 않았다. 졸라서 겨우 들은 사정은 이렇다. 여름내 줄기차게 내리던 비가 그친 뒤로는 볕도 좋았고 기온은 예년에 비해 다소 높았다. 그래서 약정한 출하시기보다 열흘 쯤 빨리 자란 게 화근이었다. 한살림에는 생산지별로 출하 일정을 나누어 정해 놓았다. 충청도 쪽 산지에서 시금치와 알타리무가 먼저 나간 뒤 11월 초순에 변산에서 나가야 하는데, 11월 초가 되었을 때 이미 변산의 시금치는 출하기준인 25㎝를 넘어서 버렸다. 알타리무도 무의 지름이 3㎝를 넘지 않아야 하는데 너무 커 버린 것이다. 그러나 그와 함께 황토밭에서 뽑아 손톱으로 대충 껍질을 벗겨 내고 와삭와삭 씹어 먹은 알타리무는 너무도 달고 시원했다. 이 잘 자란 유기농 시금치와 알타리무가 도시 조합원들의 식탁에 도달하지 못하고 자란 밭에 그냥 갈아엎어져야 하는 일이 너무 부조리하고 안타까웠다. 사람들의 지혜가 부족한 때문인가, 체계가 엉성한 탓인가? 여름내 뙤약볕에서 땀을 흘려 자식같이 길러 냈을 농부의 심정이야 오죽하겠는가? 밭을 갈아엎어야 했던 사정을 들는 동안 내내 목이 탔다. 그는 잠시 들러 목이나 축이자며 마을에 있는 주막으로 우리를 이끌었다. 농가 마당에 세워둔 컨테이너 박스에 차린 마을 주막이었다. 기쁠 희(喜)자 두 자를 새겨 넣은 옛 사기주발에 따라 마시는 막걸리가 갈증 난 목을 적셔 주었다. 모르는 체 옆자리에 앉아 있던 일행들은 이백연 씨가 이 지역에 사는 박형진 시인과 함께 오랫동안 활동해 온 풍물패 천둥소리의 단원들이었다.

"농민운동에 문화랄 게 풍물밖에 없었지유. 이게 일과 놀이 조직운동의 문화적 요소가 딱 맞아 떨어지니께 이만한 게 없으유. 그런데 요샌 통 못 나갔네요."

"먹고사는 게 중요하니께."

옆 자리에 앉아있던 천둥소리 단장님이 이해할 수 있다는 말투로 말을 했다.

"아따, 그렇게 말해 버리면 내가 그냥 먹고사는 일만 하는 것처럼 되는데 그런 건 아니고요."

"아, 이백연 이 동생을 한두 해 봐 온 게 아니잖여, 밤낮없이 얼마나 열심히 일하는지 몰라. 그리고 뭐 그런 활동한다고 또 만날 다니고, 그러니 제수씨가 얼마나 고생이야. 다른 사람 같으면 벌써 도망갔을 거여. 올해도 그러고 내년에도, 해마다 그 고생을 하는데, 이제 조금 더 여유가 있으면 좋겠는데……."

막걸리 잔을 두고 오가는 말 속에 깊은 정이 뚝뚝 묻어났다. 고 오건 씨의 부인인 이준희 씨도 "이야기로 쓸 만한 사람을 찾아왔네요. 처음 왔을 때 열일곱 살이었는데 참 착했어요. 지금도 한결같지만." 하면서 이백연 씨를 바라보는 눈길에 정이 넘쳤다. 그 역시도 "나야 뭐 다른 거 재주도 없고, 그냥 하던 일을 꾸준히 한 거, 그거 말고는 내세울 게 없어요" 이렇게 자기를 겸손하게 평가했다. 2011년 쉰다섯 살이 된 그는 예순이 넘으면 이제 농사를 다 정리하고 싶다고 했다. 그 대신 작은 쉼터를 만들고 그 집에 도시에서 지친 사람들이 한두 가족씩 찾아와 쉬고 '내용 있는 밥'을 같이 나눠 먹으면서 기력을 찾아 도시로 돌아갈 수 있게 하면서 자신도 쉴 수 있게 되면 좋겠다고 했다.

흘린 땀이나 겪은 고생에 비해 그가 지금 합당한 보상을 누리고 있는지는 모르겠다. 아마도 얕은 셈으로는 계산이 안 나올 것이다. 그러나 그는 가난하기만 한 사람인가, 그 각별한 사람들과 쌓아온 인연과 흔들림 없이 고향에 뿌리박고 주변 사람들에게 희망의 씨앗을 나누어 주고 있는 그 일을 과연 돈으로 셈할 수 있는 것일까. 저마다 자기 이익을 위해 이렇게 저렇게 떠돌아다니는 세태에서, 그이처럼 외롭고 고된 일들을 묵묵히 버텨온 사람들에 의해 그나마 세상이 조금씩 변해 왔다는 것을 농부 이백연은 우리에게 가르쳐 주고 있다.

"저러고도 뜻을 이루지 못한다면, 이룰 수가 없다면, 이 세상에서는 믿을 것이란 아무 것도 없다. 종교도 신도 있을 수 없다."

소설가 오영수 씨가 아들 내외가 이 마을에서 고생하는 모습을 보면서 뜨거운 눈물을 훔쳤다는 소설 속 구절을 변산을 떠나오는 차 안에서 나 역시 떠올렸다.

북을 돋우다

김정상 김의열 신만균 김상기

내가
살기는 좀
재미있게
살아

김정상

경북 의성 쌍호공동체

봄꽃들은 이미 절정을 지나 신록에 자리를 내주었다. 여린 잎들이 들판과 멀리 보이는 숲들을 엷은 수채화처럼 채색하고 있었다. 금세 여름 햇살이 들판을 뜨겁게 달굴 것이다. 호된 겨울에 대한 기억도 희미해지겠지. 유난스러웠던 겨울을 다들 용케 견뎌냈다. 아니, 다들이라고 말하자니 걸리는 게 참 많다. 구제역 파동으로 '살처분'이라는 이상한 용어 아래 매몰당한 수백만 마리의 가축들이 특히 그렇다.

중부내륙고속도로를 두 시간가량 달린 자동차는 문경 점촌 나들목을 빠져나온 뒤에도 구불구불한 시골길을 한동안 달렸다. 공중으로 띄우고 터널로 산을 뚫고 목적지를 향해 직진하는 자동차전용도로가 아니라 지면에 닿은 채 구불구불, 사람도 경운기도 함께 다니는 그런 시골길은 참 오랜만이다.

경상북도 의성군 안사면 쌍호리는 경상북도의 한복판에 있는 의성군의 북쪽 끄트머리, 예천군과 맞닿은 곳에 있다. 경상도 내륙의 억센 산골 풍경을 예상하고 떠났으나 나지막한 구릉과 넓은 들판이 편안하게 펼쳐져 있었다. 아마도 낙동강이 수억 년 동안 이리저리 뒤척이면서 보듬고 다져 놓은 드넓은 범람원 때문일 것이다. 그러나 정작 강을 건너는 지점에서 우리는 숨을 멈추고 고통스런 신음을 토해야 했다. 수억 년 흘러온 강물을 단 4년 만에 자기들 식으로 '살리겠다'는 이른바 '4대강 살리기 사업'이 기괴한 광경으로 이곳에도 펼쳐져 있기 때문이다. 완만하게 흘러가는 낙동강변으로 초록의 향연이 강물과 뒤섞여 이중주를 이룰 즈음일 텐데, 대형 중장비가 사막에서 전투라도 치르듯 풀 한 포기 볼 수 없는 싯누런 모래무

더기와 기괴한 물막이 구조물에 갇힌 채 강물은 암갈색으로 질식해 있었다. 물굽이가 휘어들어갔다 나오는 여울들마저도 조악한 시멘트 블록으로 포장되고 있었다. 도대체 자연에 대고 무슨 짓을 하고 있는 것인가?

자식들이 수여한 감사장

김정상 씨 집을 찾는 일은 어렵지 않았다. 낙동강을 건넌 지 얼마 지나지 않아 쌍호리 마을길로 접어들고 이내 그의 큰아들이 박사학위를 취득한 것을 축하하는 플래카드가 집 앞에 걸려 있었기 때문이다. 아침녘 들판에 나갔다 돌아오는 길이라는 그는 옷에 묻은 흙을 털어내면서도 환한 웃음으로 우리를 반겨주었다. 들깨밭을 살피고 논둑을 손볼 데가 있어 돌아보고 오는 길이라고 했다. 동갑내기 아내 조옥희 씨는 아직 양파밭에서 풀을 뽑고 있다고 했다. 유월 중순에 출하를 앞두고 있는 양파밭은 요즘은 온종일 풀을 매지 않으면 안 된다고 한다.

그의 집 거실에 들어서자 제일 먼저 눈길을 끈 것은 '감사장'이었다. 관이나 기관에서 준 것이 아니었다. '우애 좋은 삼형제'가 부모님께 감사의 마음을 담아 수여한 것이다. 보는 이로 하여금 빙그레 웃음을 머금게 하는 그 훈장이 세상 어떤 상장보다도 환하게 빛나고 있었다. 대개는 부모님을 말로 표현하기 어려울 만큼 사랑하고 존경하지만 쑥스러움 때문에라도 그 마음을 직접 표현하기가 쉽지 않다. 게다가 마음이라는 것은 표현하지 않으면 결국 증발해 버리기도 한다. 은근한 눈빛이나 다정하고 웅숭깊은 몸짓만으로도 때로 마음을 전할 수 있지만 이렇게 말로 하고 진심을 담은 글로 써서 증서로까지 새겨 표현한 것이 참 좋아 보였다.

"지들 마음이 정말 그런가는 모르겠어요. 그래도 늘 어머니 아버지가 촌에서 고생한다 카고, 유기농사 짓는 기 자랑스럽고 보람 있다 캐요."

감사장을 바라보는 그의 얼굴 가득 함박웃음이 번진다.

그는 군대 가 있던 스물다섯 살 때 동갑내기 아내 조옥희 씨와 혼인해 아들 삼형제를 두었다. 박사학위를 받은 큰아들은 우리나라에서 제일 큰 전자회사에 취직을 했고, 둘째는 인근 예천군에서 공무원으로 일하고, 막내도 서울에서 큰 회사에 다니고 있다고 한다.

"묵신행이라고 옛날에는 결혼식 올리고 신부가 한동안 친정에 머물다가 시집으로 왔어요. 결혼식은 해놓고 1976년에 제대한 뒤부터 같이 살았죠."

한마을에서 태어나 '쌍호초등학교'를 같이 다녔으니 어릴 때부터 한 가족이나 다름없이 자랐을 게 분명하다.

"이 마을은 200년 전에 천주교 탄압을 피해 들어온 분들이 이뤘어요. 우리 증조부 묘를 이장하면서 보니까 손에 묵주를 들고 계시더라고."

의성군청 홈페이지에도 쌍호리 마을의 유래에 대해 1840년 윤주호라는 이가 천주교 박해를 피해 들어와 마을이 시작됐다고 기록돼 있다. 쌍호 1리 마을 한가운데 있는 공소와 마을회관은 그런 마을의 연원을 잘 말해주고 있다. 쌍호라는 이름은 마을에 호수가 두 개 있었기 때문에 붙여졌다고 한다.

장성한 아들 삼형제가 모두 제 앞가림 하고 부모를, 스스로 상을 드리고 싶을 만큼 지극하게 위하는 데다 서로 우애마저 좋다니 얼마나 보람이 있고 사는 재미가 있겠는가?

"글쎄, 한 번도 아이들한테 공부하라는 말은 해본 적 없어요. 대신 일할 때 데리고 나가서 같이 일을 시켰어요. 일하러 가자고 하면 군소리 없이 따라나서긴 했어요. 그러나 일이 고되니까 다들 공부하겠다고 해요."

공부하는 아이들 피곤할 새라 밥도 씹어서 입에 넣어 줄 태세인 요즘 부모들이 귀담아들을 만한 이야기지 싶다. 제 앞가림도 못하는 이들이 높은 성적을 얻은들 무슨 대단히 보람찬 일을 하겠는가? 어지간한 이들은 간이 떨려서 감히 나서지도 못할 '강물의 군기를 잡는 일'이나 뒷감당도 못할 개발과 성장의 길로만 세상을 몰아가는 짓이 다들 소위 일류 대학을 나와 경쟁력 갖췄다는 파리한 손들이 저지르는 짓 아닌가?

아들들은 모두 고등학교를 안동에서 자취를 하며 다니다 대학은 더 큰 도시로 나가 다녔다. 어린 나이에 자취하면서 밥 지어 먹고 학교 다니는 게 고단했던지 아들들이 하숙을 시켜달라고 부탁을 한 적 있지만 들어주지 않았다. '밥 지어 먹는 수고를 알아야 밥 귀한 줄 안다'는 생각 때문에 그랬다.

가톨릭농민회·의성군농민회 주축 쌍호리

한창 이야기가 무르익을 무렵 밭에서 일하던 조옥희 씨가 거실로 들어와 "아이고 아야" 하는 신음소리를 내며 다리를 뻗다 낯선 이들 앞에서 괜한 소리를 했구나 하는 표정을 지으며 유쾌하게 웃었다. 디스크 때문에 밭일

"우리는 다품종 소량 생산을 유지하려고 해요. 유기농 하는 마을들도 한 가지 작물만 대량재배하고 물건 팔기에 급급한 데가 많아요. 우리는 그런 생각 안 하고 그저 하던 일 열심히 하니까 농산물은 저절로 나가더라고요."

을 오래 하면 허리 통증이 심해진다고 한다. 잠시 허리와 무릎을 주무르던 그가 점심상을 보러 부엌으로 들어선다.

"아주머니 댁도 조상 때부터 천주교를 믿으셨겠군요."

"김씨 집안보다 먼저 믿으면 믿었지 뒤는 아니라요. 우리 집안에서 나온 신부, 수녀가 얼마나 많은지."

가족과 마을에 대한 자부심이 넘치는 목소리다.

"어허 무슨 소리, 내 사촌들 가운데 신부님이 몇 명인데."

김정상 씨도 지지 않고 예의 사람 좋은 웃음을 지으며 마을에 대한 설명을 이어갔다.

"예전에는 '점촌', '점마'라고 했어요. 옹기 굽는 마을이라 그랬지. 천주교 박해를 피해 들어온 할아버지 할머니들이 생계를 해결하려고 옹기를 구워서 팔러다녔어요. 이 마을 저 마을 다니면서 선교 활동도 그렇게 했대요."

애초에 종교공동체로 시작한 쌍호리는 지금도 그 전통이 고스란히 남아 있다. 한때는 이웃 월소마을까지 합쳐 20여 가구가 달마다 빠짐없이 공동체회의를 열어 왔다. 김정상 씨가 회장님이라고 부르는 우영식 씨, 진상국 씨 같은 선배들이 1978년부터 안동교구 가톨릭농민회 쌍호분회를 결성해 이끌었다. 지금도 매월 모든 회원이 부부동반으로 모이는 회의를 열고 있다. 규율도 엄격해서 '술주정을 심하게 하거나 많은 사람의 가슴을 아프게 한 사람'은 제명시킬 수도 있다고 한다.

비교적 젊은 축에 속하는 김정상 씨는 28~29살 때부터 주로 총무를 맡아 왔고 지금은 대표다. 그가 펼쳐 보여주는 회의록에는 2011년 4월에

389차 회의를 진행한 기록이 남아 있다. 매월 5일에 월례회의를 하고 해마다 1월에는 총회를 연다. 지난 1월에 32차 총회를 했다. 이렇게 시작한 마을공동체는 우리 농민운동사에 중요하게 등장하는 가톨릭농민회(가농)뿐만 아니라 의성군농민회의 주축이기도 했고, 1990년대 중반부터는 한살림 생산자공동체로 참여하고 있다.

"군대 다녀온 지 얼마 지나지 않아 안동교구에서 오원춘 사건이 터졌어요. 그 시절부터 박재일 회장님, 이상국 대표 같은 분들과 인연이 있었죠."

그는 1980년대 가톨릭농민회 회장을 지낸 고 박재일 전 회장과 당시 홍보부장을 지낸 현 한살림연합 이상국 대표와의 오랜 인연을 추억했다. 마을공동체는 30여 년 동안 월례회의뿐만 아니라 '학습'을 했다. 공해문제, 농업문제, 광주항쟁, 그리고 1987년 6월에는 마을 사람들이 한 덩이가 돼 어깨동무하고 대구 시내로, 서울로 뛰어다녔다. 관할 의성경찰서의 정보과 형사가 마을에 상주하다시피 했다. 월례회의 때면 형사가 회의에 같이 끼어드는 게 예사였다. 그때 경찰들 입장에서는 똘똘 뭉쳐 바른 소리를 해대는 이 마을이 여간 골칫거리가 아니었을 게 분명하다.

"겁도 났지만 하나하나 알아가니까 재미도 있고. 보람도 있었어요. 다른 데서는 끌려가 갇힌 사람도 많았는데 우리 마을은 워낙 조직이 탄탄해서 한 명도 연행된 사람이 없어요. 다들 패기도 넘치고 활력이 넘쳤는데 이젠 할배들 다 됐지 뭐."

과일만큼 달고 시원한 양파

한살림 양파 가운데 제일 많은 양이 이 마을에서 나온다. 과일에 뒤지지 않을 만큼 달고 시원한 유기농 양파를 먹어본 사람이라면 쌍호리라는 마을과 농부들이 궁금했을 법도 하다. 양파는 벼를 베고 난 자리에 파종하고 모내기 전인 6월 둘째 주에 수확한다. 수확 때면 객지에 나가 있는 자식들과 친척들이 모두 모여 거든다. 벼와 양파, 마늘을 논에서 돌려짓기 한다. 김정상 씨는 오천 평 남짓한 논에 양파뿐만 아니라 마늘, 감자, 고추 등을 골고루 짓고 있다. 둘러본 논 한쪽에는 씨마늘을 비롯해 감자와 온갖 채소들이 자라고 있다. 오천 평 농사는 마을에서 규모가 큰 편이라고 한다. 돈만 생각한다면 규모를 더 늘릴 수도 있겠지만 이들 공동체 식구들은 소농을 유지한다.

"우리는 다품종 소량 생산을 유지하려고 해요. 유기농 하는 마을들도 한 가지 작물만 대량재배하고 물건 팔기에 급급한 데가 많아요. 우리는 그런 생각 안 하고 그저 하던 일 열심히 하니까 농산물은 저절로 나가더라고요."

1970년대 말부터 마을에 성당 신자들이나 가톨릭 학생회, 한살림 소비자들 같은 도시 사람들이 바쁘게 드나든 것은 어떤 홍보 활동을 한 때문이 아닌 것은 분명하다. 마을이 뜻을 세워 시대의 한복판을 걸어갔고 진심을 이해하는 사람들과 두터운 신뢰 관계가 넓게 펼쳐진 것을 두고 그는 "농산물은 절로 나가더라"고 한 것이다. 유기농 농부들마저도 팔기 위한 단작 농사에 매달리다 보니 농촌마을에 채소 행상이 돌아다니게 된 현실

을 그는 걱정했다.

"우리는 생선이나 쪼매 사다 묵을까, 우리 먹을 거 다 길러 먹어요. 요새는 산에 나물도 많이 뜯고……."

대통령도 이래는 못 먹고 살지

조옥희 씨가 뚝딱 점심상을 차려 내왔다. 새벽부터 들에서 종종걸음을 했을 안주인을 생각하면 객이 들이닥쳐 점심상을 번거롭게 한 일이 여간 송구스럽지 않았다. 그럼에도 취나물, 잔대잎 같은 온갖 산나물들과 된장찌개, 무말랭이 등이 푸짐하게 올라온 밥상은 감격스러웠다. 식당에 들러 점심 요기를 하려다 시골길에서 마땅한 식당을 발견하지 못해 그냥 왔는데 이 밥상에 앉지 못했다면 불행했겠다 싶었다. 염치불구하고 뚝딱 밥을 두 그릇이나 비웠다.

"이것들은 다 우리가 지은 거예요. 산나물은 새벽에 마을 뒷산에 올라가 뜯은 거고. 요새는 고사리가 많이 나요. 얼마나 재미있는지 몰라. 우리는 밖에 나가면 밥을 사 먹기가 참 힘들어요. 아마 대통령도 이래 먹고 살지는 못할 거라. 엊그제 뉴스 보니까 얼갈이배추가 한 단에 80원에 팔린대요. 이러다가 언젠가는 아무리 돈을 줘도 제대로 된 먹을 걸 구할 수 없는 시대가 올 것 같아요."

상에는 간간한 달걀찜 말고는 비린 것 하나 올라 있지 않았다. 그러나 일말의 결핍감도 느낄 수 없는 성찬이었다. 밥을 먹는 일 자체가 마을에 가득 찬 생명의 기운을 흡향하면서 어떤 종교의식을 치르는 일만큼이나 거룩하다 싶었다.

"우리 집사람이 사람 오는 걸 마다하지 않아요. 그러니 다들 우리 집에 오는 걸 좋아해요."

우리가 밥상을 받기 직전에도 성당 신부님이 지나다 들러 자연스레 같이 점심을 들고 가셨다. 김정상 씨는 동갑내기 아내에 대해 자부심 넘치는 자랑을 빼놓지 않는다.

쌍호리의 생태순환농업에 대해서는 이미 많은 사람들이 알고 있다. 광우병 위험이 있는 미국산 소고기 수입 때문에 촛불집회가 일어난 때나 지난겨울 구제역 파동을 겪으면서 우리 사회는 공장형 축산과 고기를 달아 놓고 먹는 일에 대해 성찰할 기회가 있었다. 그때마다 쌍호공동체는 우리 농업과 축산이 지향해야 할 대안으로 주목을 받았다. 쌍호리가 어떤 첨단의 시스템을 만들었기 때문이 아니다. 그들은 30~40년 전 우리 농촌이 자연스럽게 해온 것처럼 유기농사에서 나온 볏짚이나 양파, 마늘 줄거리, 인근에서 기른 옥수수 등으로 소를 키웠다. 당연히 수입사료 따위는 돈 주고 살 이유가 없었다. 강변에 지천으로 자라는 버드나무를 잘게 썰어 우사 바닥에 깔아 두고 그 위에 소똥과 오줌이 뒤섞이면 함께 잘 발효시켜 논밭에 거름으로 냈다. 돈 주고 퇴비를 사다 넣지 않아도 땅에는 힘이 넘쳤다. 이런 자가퇴비를 넣으면 5년 동안은 다른 것을 안 줘도 논가에 버섯들이 피어날 만큼 땅이 기름지다고 한다. 실제로 수확을 앞둔 양파들은 무슨 영양제를 줬기에 저럴까 싶도록 진초록의 튼실한 줄기로 씩씩하게 솟아나 있었다.

마을의 소들은 저마다 이름까지 지닌 채 송아지를 두 번 낳을 때까지 자연스레 재래식 축사에서 쇠죽을 먹고 자란다. 이 소들은 서둘러 키워 잡아먹겠다는 생각만으로 밀집 사육되는 공장형 가축들과는 '동물 복지'의 수준도 다를 수밖에 없다. 쌍호리가 하고 있는 이 '오래된 미래' 방식의 유기축산은 마을공동체의 학습과 각성뿐만 아니라 서울 양천구의 목동성당, 양천성당 교인 등 도시 소비자들의 응원 때문에 가능한 일이다. 2001년부터 가톨릭 서울대교구 목동성당과 안동교구 쌍호공동체는 땅을 되살리는 자급 퇴비를 위해 농도 협력 방식의 송아지 입식 사업을 시작했다. 지금은 이것이 서울교구 75개 본당과 안동교구의 12개 농촌 마을공동체들로 확산되었다. 이 과정에서 '농도 간의 약속'이라는 운영방침도 생겨났다. 도시 소비자들의 출자금으로 6~7개월 된 송아지 값을 기준가 350만 원으로 정해 마련하고 농민 대표와 도시 소비자 대표가 운영위원장이 되어 어느 공동체의 누구에게 맡겨 소를 키울지 정한다. 재래식 축사, 유기농산물 사료만 먹이는 원칙도 그렇게 정했다. 소가 자라면서 낳는 두 번째 송아지까지는 사육비 셈으로 농민이 소유하고, 이 소가 470kg 이상이 되면 설과 추석 때 잡아서 성당에서 직거래 방식으로 1kg당 1만 3천 원에 나눈다. 소 한 마리를 잡으면 800~900만 원 어치 가량의 고기가 나온다. 이런 과정을 통해 소비자들은 안심하고 먹을 고기를 구하고, 마을의 논밭은 건강한 생태순환이 가능해진다.

지난겨울 구제역 파동 때문에 '살처분'한 가축이 전국 340만 마리가 넘고 피해액이 7조 원이 넘었다. 그렇잖아도 수입 곡물의 절반가량이 가축사료로 쓰이고 있는 점을 생각하면 이런 방식이 더 이상 되풀이되어서는 안 되겠다. 먼저 우리 농촌마을과 땅이 감당할 수 있는 만큼까지 고기 소비를 줄이고, 공장에서 물건 찍어내듯 가축들을 대량 사육하는 식이 아니라 쌍호리에서 하고 있듯 논과 밭, 도시와 농촌이 생명의 사슬처럼 자연스럽게 순환하는 방식이 절실한데, 과연 우리 사회가 욕망을 제어하고 이것을 선택할 수 있을지는 모르겠다. 그러나 김정상 씨 말처럼 이제 아무리 돈을 줘도 먹을 것을 살 수 없는 시대가 닥쳐 온다면 달리 선택의 여지가 없어질 수도 있다.

사실 쌍호공동체를 방문하기로 마음먹은 것은 살뜰한 마음으로 대안 축산을 실천하고 있던 이 마을도 구제역 파동으로 살처분의 시련을 피하지 못했기 때문이기도 했다. 마을에서 병이 돈 것은 아니고 인근 마을에 구제역이 발병해 같은 행정구역 안의 가축을 모두 매몰시켰다. 때문에 텅 빈 우사에는 괴괴한 적막이 고여 있었다. 지난겨울 쌍호공동체의 살처분 소식을 전해 듣고는 아무 잘못을 하지 않은 이 순결한 농부들이 왜 이런 재앙을 겪어야 하는지 생각하며 속이 상했다. 정작 농부들 심정은 어땠겠는가?

"소에게 이름까지 붙여서 가족처럼 돌봤는데, 마음이 말이 아니었지. 답답한 마음에 서울 본당에 올라가서 직접 해명도 했어요. 도시 소비자들이 우리를 위로해 주긴 했지만 꼭 우리가 죄인이 된 기분이었어요."

이들은 비정상적인 육식 문화와 이를 떠받치기 위해 공장형으로 밀집 사육을 하고 있는 오늘날 우리 축산 현실에서 날아온 유탄을 맞은 무고한 희생자임이 분명하다. 그들은 인간의 원죄를 대속하기라도 하듯 마을을 함께 지탱하던 소들을 땅에 묻고 허전함에 한동안 어쩔 줄 몰라 했다.

"그런데 세상에 마냥 즐겁기만 한 일이 없고 또 마냥 슬프기만 한 일도 없는 것 같아요. 소가 없으니 겨울에 할 일이 없어. 우사를 쳐다보면 속만 상하고. 그래 서울에 가서 아들들하고 모처럼 같이 놀면서 잘 지냈어요. 요새 새벽에 마을 뒷산에 가면 공동체 회원들을 다 만나요. 부부가 같이 산에 올라와 산책도 하고 고사리도 뜯고, 이 마을에서 평생 살았고 농사만 40년 넘게 지었지만, 저 뒷산에 일 없이 올라가본 적은 한 번도 없어요."

상한 마을을 달래고 건강이라도 지키자는 생각에 부부는 지난겨울부터 마을 뒷산에 올라 다니기 시작했다. 그런데 그게 그렇게 행복할 수가 없다고 한다. 여름을 난 뒤에 송아지를 들여올까 생각하고 있다고 했다.

작은
마을공동체라면
해볼 만하다
싶었죠

김의열

충북 괴산 솔뫼공동체

'잘사는 사람'이 참 많은 세상이다. 재산이 많다는 것은 소비수준이 높다는 말일 것이다. 기억을 더듬어 보면 1960~70년대에는 남이 쉽게 지닐 수 없는 값비싼 물건을 가진 이를 흔히 '잘산다'고 했다. 텔레비전이나 냉장고, 심지어는 전화를 놓고 사는 집, 드물게는 자가용을 가진 이들을 잘산다고들 했던 것 같다. 아직도 명품 가방이나 비싼 장신구를 몸에 두르고 정신의 허기를 메우려는 사람이 없는 것은 아니지만 이제 물건을 가지고 자랑하기는 어려운 시절이 되었다. 우스갯소리로 자식 수가 소득수준에 비례한다며 자식 많은 사람이 '부자'라는 말을 하는 이도 있다. 온종일 학원 순례를 하는 아이들 뒷바라지에 어지간히 사는 사람들조차도 등골이 휘는 세태를 감안하면 일리가 있는 말이다 싶기도 하다. 둘러보면 아이를 기르는 이들은 너나없이 제 형편껏 할 수 있는 최선을 다해 자식 뒷감당들을 하고 있다.

아이들이 계속 태어나는 솔뫼마을

괴산에 사는 농부 김의열은 그렇게 따지면 무척 '잘사는 사람'이다. 자식이 셋만 되어도 고개를 갸우뚱하는 세태에 아이 다섯을 키우고 있다. 요즘에는 드문 일이다. 도회지의 상식으로 따지자면 그는 무척 잘사는 사람이거나 무모한 이이기 십상일 것이다.

"감사한 일이죠. 아이들이 잉태되기 전에 저 높은 곳에서 내려다보다가 아, 저 집이면 가서 살만하겠다 싶으니까 세상으로 오는 것이잖아요. 그런 점에서 우리 마을에 아이가 계속 태어나는 게 여간 감사한 일이 아니에요."

솔뫼농장 한쪽에 있는 원두막에서, 요즘 매일 저녁마다 하고 있다는 국선도 수련으로 익혔을 법한 반가부좌 튼 자세로 허리를 꼿꼿이 세운 채 그는 이렇게 말했다. 그의 세계관과 인생관을 짐작하게 하는 말이다.

솔뫼농장 인근 마을에서는 최근 아이들이 일곱 명이나 새로 태어났다. 어느 농촌 마을 면사무소에선가 귀농한 젊은 부부가 아이를 낳아 출생신고를 하러 갔더니 하도 오랫동안 그런 일이 없었던 탓에 공무원들이 절차를 잘 몰라 허둥댔다거나, 면사무소 직원들이 줄줄이 아이 낳은 집 구경을 하겠다면서 금줄 친 삽짝을 밀고 들어왔다고 해 씁쓸하게 웃은 기억이 있다. 저마다 세상에서 이루고 싶은 일들이 많겠지만 아이를 낳고 잘 키워 그들이 삶을 긍정하며 살아가는 모습을 보는 것이 부모된 이들에게는 가장 큰 보람일 것이다.

겁에 질려 아이조차 마음껏 낳아 기를 수 없는 현실을 떠올려 보면 김의열 씨 부부가 막내딸을 안고 흡족하게 웃는 모습에 어쩐지 마음이 놓였다.

이념 앞세운 조직보다 작은 농촌 공동체

그는 1984년에 서강대학교 종교학과에 입학해 1988년에 졸업했다. 종교학과를 지원한 이유를 묻자 태연하게 "성적에 맞춰 가다 보니 그렇게 됐다"고 했지만, 독실한 가톨릭 신자였던 어머니를 따라 어릴 때부터 드나들던 성당의 거룩한 분위기에 영향을 받았다고 해야 좀 더 정확한 이야기일 것이다. 어린 시절부터 그의 내면에는 먹고사는 일만이 아니라 더 높은 정신의 가치를 추구하는 힘이 있었던 것 같다. 전공과 무관하지 않게 대학시절 해방신학, 민중신학을 함께 공부하는 동아리 활동을 했다. 그 모임에서 발행하던 소식지의 제호가 〈생명공동체〉였다. 1980년대 중반, '변혁'이나 심하게는 '무장 투쟁' 같은 단어가 젊은이들의 관심을 끌던 그 무렵 사회분위기를 떠올려볼 때 '공동체'는 그렇다 쳐도 '생명'은 분명 흔히 쓰이던 말은 아니었다.

"그때는 학교 졸업하면 위장 취업해서 노동현장에 투신하곤 했잖아요? 그런데 저는 그런 건 무섭기도 하고 엄두도 안 났어요. 그 무렵 학교 도서관에서 우연히 분도출판사에서 나온 정호경 신부님의 《나눔과 섬김의 공동체》를 빌려 읽었어요. 책을 읽으면서 거대한 이념을 앞세운 조직운동이 아니라 농촌의 작은 단위 공동체가 필요하다는 생각이 들었습니다. 그런 일이라면 할 만하다, 할 수 있겠다는 생각이 들었어요."

학생운동 이후 '현장 이전'을 고민하던 그에게 영향을 준 것은 정호경 신부만이 아니었다. 김지하 시인의 《밥이야기》도 그랬다. 뒤에 가톨릭농민회(가농)에서 일할 때 들은 한살림생산자연합회 초대 회장이었던 경북 의성의 김영원 선생의 강연도 그의 삶에 적잖은 영향을 끼쳤다. 자연과 사람의 관계가 어떠해야 하는지, 이웃이 어떻게 어울려 공동체를 이루어야 하는지 생각들이 마음속에 정리되어 차곡차곡 쌓여 갔다.

학교를 졸업하고 단기사병 복무를 마친 뒤 그는 잠시 청주교구 가톨릭농민회 간사로 일했다. 이 시절 가농에서 그가 '병철이 형님'이라고 부르는 이병철 씨, 한살림청주의 상무로 일했던 오상근 씨 같은 이들을 만나 여러 모로 배운 게 많았다. 알려진 것처럼 이병철 씨는 훗날 귀농운동본부를 만들고 이 운동을 이끈 이다. 그러나 무엇보다 가장 중요한 일은 그 무렵 아내 권영매 씨를 만난 일이다.

"그 사람도 그 무렵 가톨릭농민회 음성분회에서 간사로 일하고 있었어요. 저는 청주 시내에서 고등학교까지 다닌 탓에 시골살이를 통 몰랐어요. 아내는 충북 음성군 금왕읍에서 나고 자랐는데 시골에 내려와 사는 일에 대해 거부감이 전혀 없더라고요. 심성이 착하고 남을 위할 줄 아는 사람이라 그 덕에 돈도 많이 벌지 못하는 남편인데 지금까지 서로 싫증 안 내고 꾸준히 살았네요."

아내와 만난 이야기를 할 때만은 무표정하던 얼굴에 환한 미소가 번졌다. 결혼을 하고 얼마 지나지 않아 부부는 자신들이 꿈꾸던 바에 따라 지금의 솔뫼로 이사를 했다. 1994년의 일이다. 온통 농촌 공동체에 마음이 쏠려 있었을 뿐, 단체 실무자로 오래 일하겠다는 생각은 애초에 없었다고 한다. 솔뫼는 부모님이 이 지역에서 교사 생활을 하셨기에 어릴 때부터 익숙했고, 가농 청천분회가 있던 곳이라 솔뫼를 함께 시작한 정천복 씨 등과 '삼송분회(솔뫼의 행정구역인 삼송리)'를 결성하자는 생각도 있었다. 그때부터 지금까지 15~6년째 그는 줄곧 솔뫼에서 살고 있다. 마을에서 바라보이는 대야산을 뭉개고 들어선 채석장 개발을 반대하다 잠깐 구속된 일처럼 크고 작은 시련이 없지 않았지만 근본적으로 자신의 선택에 대해 회의한 적은 없었다고 한다. 그런 점에서도 그는 행복한 사람이다 싶었다.

1980년대 학생운동을 한 이들 가운데 약 1만 명가량이 신분과 학력을

"거대한 이념을 앞세운 조직운동이 아니라 농촌의 작은 단위 공동체가 필요하다는 생각이 들었습니다. 그런 일이라면 할 만하다, 할 수 있겠다는 생각이 들었어요."

숨기고 노동현장에 위장 취업했다고 한다. 세월이 흘러, 지금에 와서야 다양한 평가들을 하겠지만 신분을 숨긴다는 것은 가족, 학력, 인간관계를 포함한 모든 기득권을 내려놓는다는 의미이다. 가족들과 연락마저 끊고 숨어 살아야 했던 젊은이들의 순정한 이타심은 우리 사회에 어떤 형태로든 영향을 미쳤을 것이다. 그러나 노동현장으로 뛰어든 1만 명 이상의 학생운동 출신 운동가 가운데 아직까지 현장에 남아 있는 사람은 지극히 드물다. 1990년 이후 현실사회주의 국가들이 줄줄이 붕괴하고, 선거를 통해 1993년 이른바 '문민정부'가 들어서자 스스로 설정했던 '변혁'에 대한 전망을 잃고 '현장'에 있던 이들이 줄줄이 어깨를 늘어뜨리고 도시의 일상으로 돌아오던 광경을 우리는 씁쓸하게 목격해야 했다. 정치가로, 샐러리맨으로, 어떤 이들은 보험 외판원으로. 그들은 학창시절에는 예상하지 못했고 그래서 준비도 없이 서투르기만 한 '생활 전선'으로 돌아와 운동 현장과는 판이한, 그러나 어떤 면에서는 더욱 혹독한 현장에 들어서야 했다.

    비슷한 연배인 농부 김의열 씨에게 그 시절 이야기를 듣다 보니 이미 이십대에 생명 가치에 눈뜨고 농촌공동체를 꿈꾸면서 일관되게 한 길을 걸어왔다는 게 새삼 놀랍기도 하고 부럽기도 했다. 적어도 그는 스스로가 선택한 이념 때문에 좌절한 경험이 없는 셈이다. 그래서 본인의 의지와는 무관하게 추구하던 일을 포기한 경험도 없었던 것이다.

함께 먹고 일하고 수련하며 살기

농사 경험이 없던 부부가 솔뫼에 와서 처음 자리 잡은 곳은 지금 솔뫼농장이 있는 삼송리 개울 건너 천주교 공소였다. 이후로 지금까지 마을 주변으로만 일곱 번 이사를 다녔다. 지금 살고 있는 청천면 이평리 139번지. 마을과 들판이 내려다보이는 나지막한 둔덕 위에 자리한 흙벽돌집은 재작년에 그가 일꾼들과 함께 직접 지었다.

농사지으러 와서 처음 시작한 일은 '유정란'을 내는 것이었다. 그보다 먼저 유기농사에 대한 신념으로 감자나 배추 농사도 시도해 봤지만 기술도 경험도 없었던 탓에 처음에는 작물들을 제대로 길러 낼 수 없었다. 유정란 역시 뭘 알고 시작한 일이 아니었다. 선배들과 상의도 없이 비닐하우스에 보온 덮개를 치고 무턱 대고 닭을 키우고 유정란을 생산했다. 주로 청주교구 성당을 통해 물건을 냈다. 당시 한살림청주 오상근 상무가 도움을 주었다. 알음알음으로 인천과 서울의 성당들로 유정란 공급처가 늘어났다. 시간이 지나면서 일도 손에 배고 생활도 조금씩 자리를 잡아갔다. 그 뒤로 지금까지 토마토, 수세미 등으로 작목을 몇 번 바꾸며 오늘에 이르렀다. 올해는 농장 총무로 상근하면서 1천 평 남짓의 논농사, 참깨와 늙은 호박과 감자농사도 조금씩 짓고 있다.

솔뫼는 이제 한살림뿐만 아니라 우리 사회에서 시장 체계를 넘어서는 대안적 삶의 양식을 모색하는 이들에게 좋은 사례로 주목받고 있다. 그래서 견학하러 오는 이들도 끊이지 않는다. 11가구 16명 농장 회원들은 가구별로 자기 농사도 짓지만 대개 어울려 품앗이할 일이 많고, 함께 운영하는 호박즙, 엿기름, 고추장 같은 가공사업, 그리고 공동소유 논과 밭에서 농사도 함께한다. 회장과 총무와 사업부장은 2년마다 총회에서 선출한다. 그는 2009년부터 상근직으로 된 총무와 사업부장 가운데 총무를 맡았다. 초창기부터 몇 번 이 일을 해 왔다. 농장의 대소사는 모두 매월 열리는 회의에서 결정하지만 매일 모여서 공동 작업을 하고, 점심밥도 어울림터에서 함께 먹고, 저녁때는 국선도 수련도 어울려 하다 보니 서로의 사정과 생각을 세밀하게 이해하고 있을 법하다. 그렇다면 정기회의는 어쩌면 서로가 잘 알고 있는 생각을 꺼내 놓고 확인하는 요식적인 절차에 불과한 것이 아닐까?

솔뫼농장 한쪽에 어울림터라는 이름을 달고 있는 귀틀집은 일종의 도농교류센터 같은 곳이다. 이 집을 짓기 위해 솔뫼 회원들이 먼저 나섰고 한살림서울 북부지부 등 소비자들, 솔뫼를 사랑하는 많은 이들이 십시일반 힘을 보탰다. 계절마다 한살림생명학교가 열리고 거의 매주 이런저런 교류 프로그램으로 소비자들이 이곳을 찾아오는가 하면 '솔사모'라는 솔뫼를 사랑하는 대학생 동아리의 회원들이 이집에 머물면서 농사일도 함께하고 마을 아이들에게 공부도 가르친다.

"다들 좋은 면만 보시니까 그렇죠. 여기도 사람 사는 곳인데 왜 어려운 게 없겠어요." 서울에서는 마포에 있는 성미산마을, 농촌에서는 괴산 솔뫼를 이상적인 대안적 마을공동체로 여기는 것 같다고 하자 그는 농장에 대한 평가가 조금 부풀려진 면도 있다고 했다. 모여 살다 보니 서로 마음이 안 맞아 속상해 하는 일들도 더러 있다고 한다. 어디나 있을 법한 그런 일 말고도 솔뫼농장의 총무인 그의 큰 고민은 농산물 가공사업을 벌이면서 안은 농장 빚 4억 원이다. 다들 열심히 일하고 매출도 꾸준하고 경영

형편도 나쁘지 않은데 문제는 고추장 같은 품목은 자금 회전이 되려면 1년 이상 걸리고 아직 투자를 마친 지 얼마 안 지나 손익분기를 넘는데 시간이 걸릴 것 같다는 말이다. 그렇다고 해서 공급액을 갑자기 늘릴 수 있는 것도 아니어서 한살림 조합원들이 꾸준히 늘고 공급액 규모가 차차 불어나면 경영 여건은 개선되리라 전망하고 있다.

"애초에 돈 벌어서 개인들이 치부하자고 시작한 일은 아니고, 사회 공익을 위해 쓰자. 처음부터 공동체의 원칙이 그랬어요. 이익이 발생하면, 솔뫼 조합원 자녀들의 학자금 등 복지기금으로도 쓰고 국내외의 어려운 곳에 힘을 보태려고 하고 있죠."

그는 농장 경영을 더 알차게 해야겠다는 생각에 뒤늦게 회계 공부를 시작해 자격증도 땄다. 또 솔뫼농장이 조합원들이 출자하고 협동하여 운영하며 사회적 공공성을 높이려고 운영해, 사회적기업의 요건을 갖추고 있다 싶어 곧 인증을 받으려고 준비하고 있다.

"성격도 깔끔하지 않고 끈기도 부족해서 농사도 진득하게 한 가지만 짓지 못했다"며 자신을 박하게 평가했지만 그는 솔뫼농장의 씨앗을 심은 사람 가운데 하나였고 할 수만 있다면 남은 생애 동안도 이곳에서 평생 일하고 싶어 한다. 1994년부터 정일우 신부도 마을에 들어와 함께 살았고 남궁영미 수녀도 함께 와서 아이들의 공부방 '꿈터'를 열고 있다. 그러나 회원들의 종교는 제각각이다. 이런 마을 배경을 이해하지 못하면 김의열, 권영매 부부가 아이 다섯을 낳아 기르면서도 아무 걱정이 없다고 말하는 속내를 도시 사람들은 이해하기 어려울 것이다. 예전부터 대개가 그랬듯이 아이들은 마을과 함께 사람들과 어울려 자라고 있다.

더 소박한 밥상, 더 질박한 삶

아쉽게도 부부가 낳은 다섯 아이 가운데 막내 호나(4살) 외에는 만날 수가 없었다. 중학교에 다니는 둘째 한돌이(16살)와 송면초등학생 가은이(11살), 공부방에 다니는 한봄이(6살)는 이미 학교나 공부방 꿈터로 흩어져 동무들과 어울리다 저녁때나 돼야 집으로 돌아오기 때문이다. 대여섯 살만 돼도 아이들은 친구들과 어울려 풀어놓은 병아리들처럼 평화롭게 자라는 게 솔뫼의 풍경이다. 돈 들여서 뭘 가르치는 일은 구태여 하려 하지 않았고 그럴 필요도 없다고 한다. 부모가 사는 모습, 부모가 어울려 있는 사람들, 기대 사는 자연을 유심히 지켜보는 일만으로도 아이들은 정갈한 땅에서 파랗게 물결치는 오뉴월 보리처럼 그렇게 싱그럽게 자라고 있었다.

엄마 치맛자락을 잡고 아장아장 걷는 네 살배기 막내 호나는 머루처럼 까만 눈동자가 귀여웠다. 수줍게 웃으면서도 낯선 이들과도 격의 없이 어울릴 줄 아는 것도 아이가 깃들어 있는 환경이 지극히 평화롭기에 가능한 일일 것이다. 읍내에 있는 괴산고등학교에 다니는 맏아들 기송이는 성적 우수자로 뽑혀 기숙사에서 합숙을 하는 탓에 2주에 한 번씩 집에 다녀간다고 했다. "시험을 좀 못 쳐서 기숙사에 가지 않고 좀 더 오래 가족과 모여 살았으면 했는데 운이 없었는지 거기 뽑혔네유." 부부는 농담인지 진담인지 분간하기 어렵게 퍽 진지한 표정으로 이렇게 말했다. 전교생이 30명 남짓인 송면중학교에 다니는 둘째 한돌이는 가톨릭 신부가 되고 싶어 한다.

속 깊고 생각이 많은 이 녀석은 어느새 아버지와 "제법 대화가 되는" 사이가 됐다.

"애들이 많지만 학교에 한번도 찾아간 적 없고 공부하라는 말도 해 본 적 없어요. 그럴 일도 아니고요. 그래도 다들 잘 자라 주고 있어요. 자식 키우는 데 아무리 돈을 들인대도 부모가 짜증스러워하면 좋은 영향을 주기가 어렵겠죠."

그는 처음에는 자신도 꽤나 엄격한 아버지였고 아내에게도 벌컥 화를 내기도 하는 서툰 가장이었다고 고백한다. 의식적으로 마음을 닦았고 좀처럼 화를 내거나 짜증스러워하는 법이 없는 아내의 영향 덕인지 요사이는 그런 경우가 거의 없다고 한다.

"아이들에게 영어나 컴퓨터를 가르치려고 애들 쓰는데 이제 문명 전환이 일어나고 있다고 생각해요. 자연으로 돌아가서 살아갈 능력이 있는가가 영어나 컴퓨터 실력 같은 것보다 중요한 시대가 오고 있지 않을까요?"

그는 점점 더 인간 본성의 요구가 아니라 자본과 시장체계의 요구에 따라 끝없이 더 많이 생산하고 이를 위해 더 많이 벌고 더 많은 시설을 늘리는 굴레에서 벗어나지 못하게 되는 것 같다고 했다. 그는 신김치와 맹물뿐인 밥상이라도 생명의 원천이 되는 것이니 감사하게 받아먹으면서 더 소박한 밥상, 더 질박한 삶을 살아야겠다 싶단다. 그렇게 하면 먹고사는 일에 과연 고민할 게 뭐가 있겠는가, 반문하기도 했다.

태평스러운 부부의 이야기를 듣다 보니 자정 넘은 시간 파리한 얼굴로 학원버스 차창에 머리를 기대고 졸기 일쑤인 서울의 학생들이 떠올랐다.

그는 처음에는 자신도 꽤나 엄격한 아버지였고 아내에게도 벌컥 화를 내기도 하는 서툰 가장이었다고 고백한다. 의식적으로 마음을 닦았고 좀처럼 화를 내거나 짜증스러워하는 법이 없는 아내의 영향 덕인지 요사이는 그런 경우가 거의 없다고 한다.

또 자식을 공부시키겠다고 7년 넘게 미국으로 처자식을 보내 놓고 떨어져 사는 친구도 생각났다. 왜, 무엇을 위해 우리는 이렇게 서로를 시달리게 하면서 허공으로 질주하고 있는 것일까?

그는 특별한 일이 없는 한 새벽 대여섯 시면 잠이 깨고 아침 일곱 시 경이면 농장에 나온다. 사무실에 나와 책을 읽거나 그날 일어날 일들을 준비하면서 차분한 시간을 갖는다. 요 근래 읽은 책 가운데 장일순 선생과 이현주 목사가 함께 풀이한 《노자 이야기》는 옥편을 뒤져 가며 좀 더 각별히 읽었다. 그를 찾아간 날에는 이렇게 시작한 일과가 저녁시간 괴산 읍내에서 열린 두 가지 회의에 참여하는 데까지 이어졌다. '노무현대통령 장례식을 치른 뒤 사회 현안 전반에 대한 의견을 교류하는' 귀농자들의 대화모임과 '대안적인 지역신문 창간'에 대해 지역의 뜻 있는 분들이 모여 간담회를 열었기 때문이다.(이 모임은 2013년 지역언론 〈느티나무통신〉을 만들었다.)

이미 충분히 소박하게 살고 있는 농부 김의열 씨가 꿈꾸는 더 질박한 삶. 이웃과 조화롭게 어울려 함께 땀 흘리고, 거친 음식도 감사한 마음으로 조금씩 먹으며 마음과 몸을 닦고 아이들을 마음껏 낳아 기르는 평화. 적어도 그가 살고 있는 땅을 관통하겠다던 '한반도 대운하'나 '대야산 석산 개발'의 경우처럼 세상이 그가 뿌리내린 대지를 뒤흔들지만 않으면 그는 뜻대로 여생을 '잘 살 수 있을 것 같다.'

호텔보다
더 편안한 삶,
흙에서 일군다

신만균

제주도 한울공동체

'기다리지 않아도 오고 기다림마저 잃었을 때도 너는 온다.' 시인 이성부 씨는 봄을 기다리는 마음을 이렇게 노래했다. 이 시의 마지막 구절은 널리 알려진 것처럼 '너, 먼 데서 이기고 온 사람아.' 이렇게 봄을 의인화해 놓고는 그립고 반가운 마음을 표현하고 있다. 지난겨울은 유난히 춥고 눈도 많이 내렸다. 겨울이 혹독할수록 새봄에 대한 그리움은 간절할 수밖에 없다. 입춘을 하루 앞둔 날, 농부 신만균 씨를 만나러 제주에 갔다. 1968년생이니 2010년, 올해 우리 나이로 마흔셋이 되었다. 젊은 농부다.

입춘이기도 했고, 그래도 제주도인데 하는 느긋한 생각에 외투도 안 챙기고 재킷만 입고서 나선 길이었다. 그렇게 부실한 입성으로 그가 개간하고 있다는 중산간지대 돌밭에 따라나섰다가 마주친 제주의 바람은 혹독하게 매서웠다. 트랙터로 골라 둔 돌은 허옇게 얼음을 뒤집어쓰고 얼어붙어 있었다. 흙을 일구는 삶은 어디랄 것 없이 이토록 고된 노동을 피할 수 없다. 고단한 노동을 견디고도 그곳에 충분한 보상이 있다고 믿는 이들은 그 길을 기꺼이 선택할 것이다.

싸늘한 시선을 견디고 호텔리어에서 농부로

음울한 하늘에 눈보라마저 휘날리고 있었다. 어딘가 따뜻한 곳으로 피신해 몸을 녹이고 싶다는 생각이 간절했다. 한참을 떨다가 점심때가 돼서야 그들 부부를 따라 산 중턱에 있는 순대국밥집으로 갔다. 곳곳에 흩어져 있는 밭에서 우리들처럼 눈보라를 견디며 일하다 밥을 먹으러 온 농부들이 술술 김이 오르는 뜨거운 국밥으로 언 몸을 녹이고 있었다. 여전히 식당의 허술한 유리창 밖으로는 간간히 눈발이 휘날렸다. 사람들이 피워 내는 체온이 실내를 훈훈하게 데워 놓고 있었다.

"이 사람 호텔리어였어요. 잘 차려입고 나서면 볼만했죠."

허겁지겁 국밥을 떠먹고 있던 내게 그의 아내 허연숙 씨가 말해준다. 신만균은 대학에서 관광경영학을 전공하고 당연한 듯 큰 호텔에 취직해 7~8년을 족히 일했다. 쌍꺼풀진 눈에 짙은 눈썹, 키도 훤칠한 용모에 아내가 묘사하는 호텔리어의 복장을 덧입혀 상상해 본다. 아닌 게 아니라 볼 만했을 모습이 충분히 그려진다. 그만큼 준수한 용모다.

"어울리지 않는 옷을 입고 있는 것같이 불편했어요. 호텔은 서비스를 제공하는 곳이고 일의 특성상 자정이 다 돼 일이 끝나요. 그 시간부터 시작하는 회식도 잦고 밤새 술을 마시는 일도 많았죠. 이렇게 살아서는 안 되겠다는 생각을 늘 했어요."

그는 1998년 7년 넘게 일해온 호텔에 사표를 내고 농사를 짓기 시작했다. 굳이 햇수를 따지자면 귀농 10년이 훨씬 넘은 농부인 셈이다. 삶을 획기적으로 바꾸는 일은 그에게도 쉽지만은 않았다. 제주도라고 해서 사람들이 농사일에서 벗어날 궁리만 하는 것은 별반 다르지 않았을 텐데, 번듯한 호텔의 중견관리자로 자리 잡아가던 그가, 남들 보기에는 늘 좋은 옷을 입고 좋은 것만 먹으면서 아쉬운 것 없이 꾸려가던 삶을 중단하고 마을에 눌러앉아 농사를 짓겠다고 하자 주변 사람들은 싸늘하게 반응했다. 부모님은 화를 냈다. 이웃 사람들은 "배가 불렀구나. 얼마나 견디나 두고 보자." 이런 냉소를 서슴지 않았다.

남들 보기에는 늘 좋은 옷을 입고 좋은 것만 먹으면서 아쉬운 것 없이 꾸려가던 삶을 중단하고 마을에 눌러앉아 농사를 짓겠다고 하자 주변 사람들은 싸늘하게 반응했다. 부모님은 화를 냈다. 이웃사람들은 "배가 불렀구나. 얼마나 견디나 두고 보자." 이런 냉소를 서슴지 않았다.

제주시 조천읍 신촌리. 그는 지금도 조상 대대로 살아온 그 마을에서 살고 있다. 경기도 포천에서 군 복무할 때와 호텔 근무에 필요하겠다 싶어 일본에 어학연수를 받으러 갔던 때를 빼놓고는 떠나 본 적이 없는 고향 마을이다. 고구마처럼 좌우로 길쭉하게 생긴 제주도, 제주시로부터 해안을 따라 시계방향으로 달리다 보면 이내 조천면의 관문인 신촌리에 닿는다. 예부터 '새마을'이라 불리다 신촌리로 명명된 바닷가 마을이다.

구멍이 숭숭 난 검은 현무암 돌담 너머로 가슴이 선득해지도록 푸른 바다에 잇닿아 있는 집에서 그는 갓난아이 때부터 한마을에서 같이 자란 동갑내기 아내 허연숙 씨, 중학교 이학년이 된 큰아들 성빈, 어린이집에 다니는 일곱 살짜리 둘째 아들 성익이와 함께 살고 있다. 뒤꼍으로 나서면 푸른 보리싹이 화산섬의 검은 흙을 뒤덮고 있는 우영을 사이에 두고 이웃의 고만고만한 집들이 어깨를 기댄 것처럼 이어져 있었다.

신만균은 거창 신씨이다. 이 신씨들은 신구범 전 제주도 도지사를 배출한 데서 알 수 있듯, 제주도에 많이 살고 있다. 본래 중국 성씨인데 고려때 귀화했다고 한다. 그들 가운데 조선시대 인조 때 정묘호란을 피해 제주에 들어온 신명려라는 이가 제주에 모여 살고 있는 신씨의 기원이라고 한다. 농부 신만균은 처음 제주도에 들어온 조상으로부터 35대 손이라고 했다. 삼십 몇 대가 흘러갈 때까지 그들 가족은 고향마을을 떠나지 않고 한곳에 붙박이로 살았다. 3~4년마다 집을 팔고 사면서 옮겨 다니는 게 예사인 도시 사람들의 정처 없는 삶을 잠시 돌아보게 되었다. 몇 백 년 한곳에 머문 이들이 마을 주변의 산과 들판, 바다와 어떻게 서로 스며들고 하나가 되었을지 떠올려보는 일은 그 자체로도 가슴 벅찼다.

돈 되는 작물만 선택하면 도박과 무엇이 다른가

그는 아침 예닐곱 시쯤 잠에서 깨어난다. 습관처럼 담 너머 바다에 눈길을 주고, 식구들과 둘러앉아 아침을 먹는다. 그리고 여덟 시쯤 일터인 농장으로 출근한다. 신촌리 일대에 흩어져 있는 감귤농장과 그 안에 마련된 소 우리, 두어 곳에 흩어져 있는 보리와 콩을 돌려짓는 밭들, 그리고 지금 돌을 골라내며 개간하고 있는 6천611㎡(2천 평)쯤 되는 중산간지대 돌밭이 호텔 대신 선택한 일터다. 그리고 그가 참여하고 있는 한울공동체 사무실과 가공 공장에는 마을 사람들과 함께 점심을 먹거나 공동 작업을 하기 위해 수시로 드나든다.

한울공동체는 단순하게 유기농산물을 공동 출하하는 공동 조직 정도가 아니라 생명의 원리에 따라 마을공동체를 가꿔가겠다는 생각으로 이 마을 여섯 세대가 2009년에 결성한 조직이다. 이들 대부분은 한마을에서 같이 자라난 사이고 같은 초·중등학교를 앞서거니 뒤서거니 하면서 졸업한 동창들이다. 이들은 각자 자기 농사를 짓지만 보리 도정이나 유기농 무를 재배해 무말랭이로 가공하는 일이나 말린 고사리 같은 일차 가공식품을 내는 일은 설비를 갖춰 공동 작업으로 진행한다. 공동 작업을 통해 벌어들이는 수입은 공동체를 위해 쓰고 일부는 어려운 이웃을 돕는 일도 하면서 제주도가 더 살만한 섬이 되는 데 힘 보탤 생각이다.

농부 신만균 씨는 진지향, 천혜향, 한라봉 같은 비교적 좋은 값에 팔리는 고급 수종의 귤을 재배하는 비닐하우스 8천264㎡(2천500평)과 노지 감귤밭 1만 3천223㎡(4천 평), 그리고 보리와 콩 농사를 짓는 또 다른 밭 1만 3천223㎡(4천 평) 등 33만 ㎡(1만 평) 이상의 꽤 규모가 큰 농사를 짓고 있다. 그나마 과수 농사가 대부분이라 이 정도 농사 규모를 가족노동으로 감당할 수 있다고 했다. 연간 7~8천만 원의 소득을 올리고 거기에서 농자재비 같은 비용을 제하면 연간 4천여만 원 이상의 수입을 얻는데 가족들과 별 부족함 없이 생활할 정도는 된다고 한다. 그러나 연봉이 얼마냐, 이런 식으로 소득에 따라 사람의 수준과 행복의 질까지 서열화할 것 같은 도회지의 논리로만 보면, 그가 땅에 발 딛고 살면서 자연과 이웃과 조화로운 관계를 맺으며 느끼는 충일한 감정이 얼마쯤의 환금성이 있는지 가늠하기는 쉽지 않다.

부모님이 농사를 지었지만 정작 신만균 씨는 자랄 때 농사일이라고는 해 본 적이 없었다. 귀농한 그에게 쏠리는 사람들의 살갑지만은 않은 시선을 의식하면서 한 사람의 어엿한 농부로 자리 잡기까지 그는 더 열심히, 더 묵묵히 땀 흘리며 일종의 통과의례 같은 기간을 지나야 했다.

"처음에는 땅은 정직하니까 무조건 열심히 하자, 그러면 잘살 수 있겠지. 이렇게만 생각했어요. 한 해 두 해 남들에게 물어 가면서 농사를 지었죠. 그런데 농사를 잘 지어도 시장 상황에 따라 가격이 폭락하면 망하는 거예요. 한쪽에서 누군가 망해야 다른 쪽에서 돈을 버는 일을 보면서 우리 농업이 왜 이럴까, 회의가 들었어요."

제 감정을 숨기고 감정노동을 해야 하는 호텔일이나 남을 밟고 경쟁에

서 이겨야 제 살길을 모색할 수 있는 도회지 삶을 회의하던 그가 농사일을 택한 것은 땀을 흘리면 그에 마땅한 보상이 주어질 것이라는 기대 때문이었다. 귀농을 꿈꾸는 많은 이들의 생각 또한 다르지 않을 것이다. 조금 덜 벌더라도 스스로 존엄성을 지키며 살겠다는 포부 말이다.

그러나 농사 역시 시장 체계에 잇닿아 있고, 시장에 의존하는 한 누군가의 실패를 딛고 제 살길을 모색해야 하는 부조리한 상황을 피할 수 없다는 것을 그는 농사를 시작한 지 몇 해 지나지 않아 이내 깨달았다. 늘 돈 되는 쪽을 엿보면서 작목을 선택하는 이런 식이라면 농사가 도박판이나 다를 게 뭔가 하는 회의도 들었다. 그런 와중에 마을의 농사 선배들을 통해 '흙살림'을 만났고 이것이 인연이 돼 2000년부터는 한살림에 물품을 내게 되었다. 이들이 말하는 농사는 시장 논리와는 달랐다. 생명이 살아 있는 유기체로 흙과 대지를 바라보게 되었고, 여기에 뿌리내린 작물들과 농사를 짓는 농부들 그리고 이들과 이어져 있는 도시의 소비자들까지 모두 생명의 끈으로 이어져 있다는 인식도 조금씩 이해하게 되었다. 비로소 자신이 왜 도시 삶을 회의하면서 땅에 뿌리박은 삶을 선택하게 되었는지, 조금 더 분명하게 이해할 수 있을 것 같았다. 자연스럽고 평화로운 조화와 공생의 관계. 그것이 지속 가능하다는 확신도 들었다.

보릿대와 보리 기울까지 버리지 않는 지역순환생태농업

노지 감귤이 대부분이던 아버지의 농사를 이어받았지만 그는 수요에 비해 생산이 넘쳐 소득을 기대할 수 없겠다 싶은 노지 감귤을 상당 부분 베어 내고 진지향이나 천혜향 같은 수종으로 바꿨다. 2009년 노지 감귤이 1kg에 1천300원쯤에 출하되었다면 진지향은 이보다 네 배 정도 비싼 값을 받을 수 있었다. 농사 경험도 없는 그가 묘목을 베어낸 일에 대해 부모님도 반대하고 이웃에서는 손가락질을 했지만 그는 자기 표현대로 '젊은 패기와 도전 의식'으로 밀어붙였다.

패기 있는 도전은 단순히 더 높은 소득을 올릴 수 있게 수종을 바꾼 데 그치지 않고, 지역생태순환농업의 고리를 더 완전하게 잇기 위해 목축을 도입하는 일로 이어져 또 다시 분주해졌다. 2006년부터 마을에서 네 집이 각자 1천여만 원씩 출자해서 송아지 열세 마리를 함께 기르기 시작했다. 모두들 경험이 없었기 때문에 공동 축사를 마련하고 축협이나 농업기술원을 부지런히 드나들며 기술을 익혔다. 3년이 지난 뒤, 2009년 가을 무렵에야 겨우 소 키우는 일에 자신이 생겨 각자의 소를 자기 축사로 나눠 갔다고 했다.

이른 아침에 조천읍 신촌리 그의 집을 찾아갔을 때 신만균 씨가 우리를 제일 먼저 데려간 곳도 우사였다. 진지향 과수원 비닐하우스 옆에 있는 소 우리에는 암소 세 마리와 태어난 지 몇 달 안 된 송아지가 평화롭게 콩깍지와 대궁을 우물거리며 씹고 있었다. 암소들 가운데 한 마리는 새끼를 배고 있어 금방 소가 한 마리 더 는다고 했다. 느긋하게 여물을 먹고 난 소들은 상품으로 팔리지 않은 등외품 유기농 귤을 입맛 다시며 후식으로 먹었다.

"경험도 없던 우리가 소를 키우기로 한 것은 소똥을 밭에 퇴비로 돌려

"경험도 없던 우리가 소를 키우기로 한 것은 소똥을 밭에 퇴비로 돌려주고 보리농사와 콩농사를 짓고 나오는 대궁과 줄기 등 농사부산물을 소 사료로 쓰자는 생각 때문이었어요. 그렇게 할 때 지역생태순환농업이 좀 더 완전한 사이클을 이룰 수 있다고 생각했죠."

주고 보리농사와 콩농사를 짓고 나오는 대궁과 줄기 등 농사부산물을 소 사료로 쓰자는 생각 때문이었어요. 그렇게 할 때 지역생태순환농업이 좀 더 완전한 사이클을 이룰 수 있다고 생각했죠."

그의 말대로 소똥 퇴비는 보리밭이나 감자밭으로 돌아가 밭심을 길러 주었다. 그 결과 감자에 많이 생기는 '더댕이병'이 현저히 줄었다.

"이 보리밭을 좀 보세요. 여기서 오백여 평 밭에 보리농사 지어 봐야 한 가마에 오만 몇천 원씩, 몇십만 원 안 나와요. 제주도에 보리밭이 많았는데 급격히 줄어든 건 이런 사정 때문이죠. 다들 밭에다 소득 작물이라면 서 브로콜리 같은 채소 농사만 짓게 되었죠."

농부들이 인건비도 못 건지는 보리농사를 포기한 것은 어쩌면 당연한 일일 수 있다. 그러나 신만균 씨가 참여하고 있는 한울공동체가 지역생태 순환농업에 관심을 기울이면서 보리밭의 가치는 단순히 몇 십만 원의 돈이 아니라 보리를 털고 남는 보릿대와 도정하고 남는 보리 기울 같은 농사 부산물, 그리고 보리와 돌려짓는 콩깍지와 콩대가 소 사료로 쓰이며 맞물려 돌아가는, 돈으로 따지기 어려운 가치 있는 일로 다가왔다. 30여 년 전만 해도 대개 집집마다 소나 말을 한두 마리씩 키우면서 퇴비를 자급하고 농사 부산물로 가축을 길렀는데 이제야 먼 길을 돌아서 그 시절로 되돌아가고 있는 셈이다. 신촌리의 보리농사는 이렇게 되살아나고 있었다. 힘들여 농사지어 봐야 돈이 안 되니, 식량은 휴대전화를 팔아 사다 먹자는 식의 비교우위 논리 때문에 농업은 회생 불가능해 보이는 벼랑 끝에 내몰려 있다. 도회지에서 하는 셈 빠른 계산이 아니라 이렇게 생명의 고리가 맞물려 순환하는 길에 우리 농업이 살아남을 여지가 있는 게 아닐까?

젊은 농부 신만균 씨와 허연숙 씨는 아이들이 굳이 학교를 졸업한 뒤 도시에 나가 경쟁에서 이기는 삶을 살라고 채근할 생각이 없다고 했다. 물론 아이들이 스스로 원하면 얼마든지 뒷바라지는 하겠지만 말이다. 부부의 마음은 대대로 몇백 년 붙박여 살았다는 고향 마을에서 바라다 보이는 큰 산과 한없이 뻗어 있는 바다, 그리고 마을과 뒤섞여 있는 들판이 길러 준 게 아닐까. 서울로 돌아오는 길, 땅에 뿌리박고 사는 이들이 많이 부러웠다.

쉼 없이
공부하고
느낀 만큼
행동해요

김상기

경기 파주 천지보은공동체

젊은 농부 김상기 씨가 사는 곳은 경기도 파주시 파평면, 휴전선 접경 지역이다. 임진강 이 편 저 편에 그의 배 과수원과 밭이 있다. 민통선 이북에 있는 들판으로 강을 건너갈 때마다 출입증을 보여 주고 헌병 초소의 검문을 통과해야 한다. 민간인 출입이 통제된 임진강변 범람원은 시간이 멈춘 듯 고요하고 적막했다. 오랜 세월 강물이 실어 날라 쌓았을 유기물들이 겹게 쌓여 있는 들판은 비옥하고 둘러선 숲들은 캄캄하다 싶도록 짙다.

파주로 그를 만나러 갈 때 두 가지 생각이 떠올랐다. '서울이 점점 커져 국토의 절반을 차지한 요즘, 집어삼킬 듯 출렁대는 자본의 파도 앞에서 그래도 파주는 위태롭게 녹색을 간직하고 있구나.' 20여 년 전, 앞서거니 뒤서거니 군대에 간 친구들을 면회하겠다고, 서울 불광동 터미널에서 버스를 타고 털털 흔들리며 찾아가던 접경 지역에 들어서니 우리가 여전히 위태로운 평화를 아슬아슬하게 이어가는 분단국가에 살고 있다는 것을 떠올리지 않을 수 없었다. 또 하나, 수상하고 불안하기만 한 날씨. 지난해에 이어 올해 2011년에도 8월 내내 비가 내렸다. 아니, 6월 하순에 시작된 장마가 8월 말까지 이어진 꼴이다. 고추밭을 갈아엎었다는 이도 있고, 김장배추 모종이 녹아 버려 몇 번씩 갈아엎어야 했다는 말도 들려왔다. 기후가 심상치 않다. 한두 해는 어떻게 지날 수 있겠지만 몇 해 더 이렇게 이어지면 뭔가 근본적 대안이 필요하지 않을까? 계속 쏟아지는 비 때문에 김상기 씨를 만나러 가는 일도 여간 힘들지 않았다. 모처럼 날이 개었지만 그는 미뤄둔 일을 하느라 잠시도 들판을 떠나기 어렵다고 했다. 찾아가서 함께 일하며 이야기를 나누기로 하고 겨우 약속을 잡았다.

고난은 나의 힘

두어 달 만에 비가 그치고 모처럼 파란 하늘이 드러난 하루였다. 이미 처서를 지나 아침저녁으로 서늘한 바람이 불 즈음이었다. 마음이 바쁜 그는 잠시도 일을 멈추고 인터뷰를 할 겨를이 없었다. 일을 거들면서 한두 마디를 하고, 잠시 쉴 때 몇 마디를 나누는 식으로 살아온 이야기를 듣는 수밖에 없었다.

"감자는 겨우 캤는데, 후작으로 콩 심는 일은 이미 포기했어요. 유월 하순부터 계속 비가 왔잖아요. 녹두는 열흘 정도 늦게 심을 수 있대서 준비했는데, 그것도 힘들어져서 모종을 내고 기다렸어요. 날씨가 참 어렵네요."

원래 콩이나 녹두는 모종을 심는 작물은 아니라고 한다. 벌레와 새와 사람이 나누어 먹기 위해 '콩 세 알'을 심는다는 말처럼 밭고랑에 콩알을 직접 심어 싹을 틔우고 길러야 하는데, 6월 하순부터 사나흘이라도 비가 그친 순간이 없었다. 녹아내릴 게 분명한데 물이 흥건한 밭에 씨를 뿌릴 수도 없고, 고민 끝에 충북 괴산에 잡곡농사를 많이 짓는 한살림 생산자들에게 자문을 구했다. 그들 역시 이런 일은 처음 겪는 터라 고개를 갸웃하긴 했지만 '안 될 건 없지 않겠냐?'는 대답을 들었다.

"지난해에도 비 때문에 고생했죠. 6천여 평(1만 9천800㎡) 배농사를 짓는데, 저농약에서 무농약으로 전환한 첫해에 비가 많이 왔잖아요. 친환경농사 매뉴얼에는 꽃 핀 뒤로는 열매 맺을 때까지는 수정을 방해할 수 있으니 아무리 친환경 약제라도 쳐서는 안 된다고 나와 있어요. 그 말을 너무 고지식하게 받아들인 거죠. 하나도 수확을 못했어요."

계속 비가 내리던 상황에서는, 매뉴얼과 조금 어긋나더라도, 석회유황합제 같은 허용되는 약제라도 뿌렸어야 했는데 결국 시기를 놓쳐 하나도 수확을 못한 것이다. 지난해부터 이어진 기상이변은 경험 많은 농부나 농업 관련 학자들이 수립한 농사 이론도 무용지물로 만들어 버렸다. 이 두렵고도 기괴한 이변이 언제까지 이어질지 여간 걱정이 아니다.

예측을 불허하는 기후 때문에 두 해 연속 농사를 망치는 게 그만이 겪는 문제는 아닐 것이다. 여기에 대해 그는 두 가지 이야기를 했다. "첫째, 비록 천재지변 때문이라고는 해도 농민들의 피해는 왜 국가에서 보전해주지 않는가? 구제역 파동으로 가축들을 파묻은 축산농가에 대해서는 대부분 피해보상을 해주지 않았나? 농민들이 너무 착한 것인지 무기력한 것인지 모르겠다"는 말. 또 하나, "만약 앞으로도 이런 기후가 계속된다면 어떤 농사를 지어야 하나? 어쩔 수 없이 비닐하우스 안으로 들어가고, 그마저도 안 되면 양액으로 식물을 기르는 식물공장이라도 택해야 하는 게 아닐까? 아니면 농사가 가능한 지역을 찾아 대이동이라도 해야 하는 것은 아닐까?" 전부 상상하기조차 두려운 말들이다.

그가 하는 말들이 얼마나 현실이 될 가능성이 있는지는 모르겠다. 그러나 농민들은 이만큼 절박하다. 농정을 책임지는 관리들이나, 도시에서 대부분의 먹을거리를 수입한 것으로 충당하는 이들에게는 현실성 없는 이야기로 들릴 테지만 말이다. 그러나 한두 해 더 이런 일들이 이어지고 값싼 수입농산물도 들여오기 어려워진다면 어떤 끔찍한 사태가 닥칠지 장담할 수 없다.

수도권 농부들의 천지보은공동체

파주 '천지보은공동체'는 경기도 여주 금당리에 있는 한살림생산자공동체 말고는 거의 유일한 수도권 한살림 생산자조직이다. 조직의 대표를 사십 대 초반인 귀농 10년차 농부 김상기 씨가 이끌고 있는 것도 예사롭지 않다. 천지보은공동체라는 이름은 '하늘의 공기, 땅의 바탕, 일월의 밝음이 없다면 하루 한시도 마음 편히 살 수 없다'는 원불교의 가르침에서 따온 것이다. 그는 20년 가까이 원불교 수행을 하고 있다.

2011년 그는 마흔네 살이 되었다. 경기도 이천에서 태어나 중학교를 졸업할 때까지 그곳에서 살았다. 초등학교 6학년 때 어머니가 돌아가셨고, 집이 너무 가난해 학교는 중학교 이상 다닐 수 없었다. 고향이 경기도 이천이라는 말에 무심코 중고등학교를 거기서 다녔냐고 물었다가 신산스러웠을 어린 시절 이야기를 꺼내 마음이 무거워졌다.

"학교는 오래 못 다녔고, 젊을 때는 그게 부끄럽기도 했는데. 어차피 공부는 평생 하는 거고······."

학교를 오래 못 다녔다고 해서 그 때문에 절망에 빠져본 적은 없다고 했다. 그는 고등학교에 진학하는 대신 열다섯 살 때부터 인천에 있는 제과점에 들어가 혹독한 노동을 견뎌야 했다. 스스로가 말하듯이 "손재주가 있고 성실한 성품"이라 그랬는지, 고된 노동 속에서도 일이 힘들다는 생각은 별로 없었다. 기술도 빨리 배우고, 함께 일하는 선배들에게도 귀여움을 받았다.

"기왕 제과 제빵 기술자가 되려면 한국에서 제일 잘하는 곳으로 가야

스스로가 말하듯이 "손재주가 있고 성실한 성품"이라 그랬는지, 고된 노동 속에서도 일이 힘들다는 생각은 별로 없었다. 기술도 빨리 배우고, 함께 일하는 선배들에게도 귀여움을 받았다.

겠다는 생각을 했어요." 열대여섯 살에 스스로 이런 생각을 한 것이다. 고난은 사람을 성숙하게 하는가? 누구나 그렇지는 않다. 적잖은 이들이 좌절하며 환경을 탓하고 고난을 저주하며 헛된 분노로 인생을 탕진하기 일쑤인데.

그는 소망한 대로, 일본이나 스위스의 앞선 제과 기술이 한국으로 전파되는 통로였던 서울 마포구 홍익대학교 앞 리치몬드제과를 찾아가 취직을 했다. 그곳에서 불과 스무 살도 되기 전에 부공장장까지 승진했다. 그렇다고 처우가 획기적으로 좋아진 것은 아니었다.

"새벽 5시부터 밤 12시까지, 쉴 새 없이 일했는데 그게 당연한 줄 알았어요. 먹여 주고 재워 주면서 월급을 18만 원쯤 받았어요. 고스란히 저축했어요. 연중무휴로 온종일 노동을 하니까 돈 쓸 데도 없었어요."

자신의 말대로 손재주가 있고, 어릴 때부터 묵묵히 일하는 데 이골이 난 성실성을 감안할 때, 그 길을 꾸준히 갔다면 40대 중반인 지금쯤 어떤 모습을 하고 있을지 궁금했다. 그러나 1987년 6월 항쟁의 격동은 빵공장에서 쉴 틈 없이 노동을 하던 스무 살의 그를 비켜가지 않았다. 예민한 벌이 꽃향기를 찾아가듯, 그는 어느 순간 '세상이 이게 다가 아닌가 보다. 당연하다고 생각해 온 일들이 당연한 게 아닐 수도 있구나. 뭔가 세상을 움직여가는 다른 힘들이 있는가 보다.' 어느 순간 이런 생각을 품었다. 그리고는 창간된 지 얼마 안 된 월간 〈말〉 같은 잡지를 읽게 되고, 서울 홍제동에서 열린 서울민중연합의 '민족학교' 등을 제 발로 찾아갔다. 그가 말한 '평생 하는 공부'가 본격적으로 시작된 셈이다. 새벽부터 자정까지 기계처럼 일하던 그가 민중교육강좌에서 '정치경제학'을 듣고 얼마나 충격을 받았을지, 또 메마른 백지가 물감을 흡수하듯 얼마나 속속들이 절박하게 그 논리들을 빨아들이고 '각성된 노동자'로 변신했을지, 세월이 지나 그 이야기를 들으며 우리는 그저 짐작만 할 뿐이다.

그는 빵 만드는 일에 재미를 붙였고 한국 최고 기술자가 될 자신도 있었지만 홍대 앞의 그 유명한 빵집을 스스로 그만두었다. 그리고 1988년에 노동자들이 밀집해 있던 경기도 부천으로 내려가 노회찬 씨, 황광우 씨 같은 이들과 함께 2001년까지 12년 넘게 노동운동가로 살았다. 그러나 이십대의 그가 꿈꾸던 혁명은 오지 않았다. 1987년과 같은 결정적인 국면도 다시 벌어지지 않았다. 오히려 현실사회주의 국가들이 무너지고 이른바 문민정부가 들어선 뒤 현장 조직들도 급격히 와해된 일을 우리는 어렴풋이 기억한다.

혁명에서 생명으로

혁명에 대한 기대가 꺼져버린 황량한 가슴에 무엇이 깃들었던가? 1995년, 역시 부천 지역 노동운동 현장에서 두 살 아래인 아내 정미옥 씨를 만나 결혼했다. 만난 지 단 두 번 만에 "결혼을 전제로 사귀자"고 그가 제안했고 아내가 수긍해 주었다. 보리출판사에서 나온 니어링 부부의 《조화로운 삶》, 노르베리호지의 《오래된 미래》 같은 책들을 읽은 것도 이즈음 일이다. 그는 고난이 사람을 성장시킨다는 말을 여러 번 했다. 부모의 충분한 뒷바라지 아래 순탄하게 학교를 오가며 자랐다면 열일곱 살 어린 나이에 우리나라 최고라는 제과점이나 민중교육기관을 스스로 찾아가 '평생 공부'를 모색하는 자발성이 그에게 깃들기 어려웠을 것이다. 또 좌절이 없었다면 새로운 모색도 없었을 것이라는 말은, 혁명이 좌절된 뒤 그의 시선이 자기 내면으로 향한 일에도 해당하는 말일 것이다. 열대여섯 살 때부터 고된 노동에 내몰리다 사회적 모순과 자신의 처지에 대해 각성하고 혁명을 향해 달려가던 시선이 내면을 돌아보게 된 것도 어쩌면 필연적인 일이었는지 모른다.

그는 인생이 크게 바뀔 때, 직관에 의지하며 빠르고 단호하게 결정하는 편이라고 했다. 이른바 문민정부가 들어선 1993년 무렵 그는 몸과 마음을 수련하기 위해 민족고유의 심신수련법이라는 기천문과 원불교를 받아들였다. 원불교는 "물질이 개벽되니 정신이 개벽되자"는 소태산 박중빈의 한마디가 가슴을 쳤기 때문에 마음이 열렸다고 한다.

그는 2001년, 십여 년 헌신하던 노동현장을 떠나 경기도 파주로 이주했다. 귀농을 한 것도 6개월 정도 모색하다가 단박에 결정한 일이라고 했다. 빌려서 농사지을 땅이 있어 휴전선 접경 지역인 파주를 택했다. 큰딸이 여섯 살, 작은딸이 네 살 때였다. 더 늦으면 어려울 것 같아 결심했다. 어릴 때 농촌에서 자라며 곁눈으로 봤을 뿐 따로 농사를 배운 적이 없었다. 게다가 가진 것 없는 빈손이었다. 땅을 빌려서 신념대로 유기농업을 실천했다. 스스로는 큰 어려움이 없었다고 하지만, 주위에서 하는 말은 달랐다. 경험 없는 초보 농군이 생산한 작물들이 어엿한 꼴을 갖추지 못한 탓에 판로도 막연했을 것이다. 그는 2004년 한살림고양파주 사무실을 찾

아가 자신이 생각하는 '지역 생태 순환'의 중요성에 대해 이야기했다. 당시 한살림고양파주 윤선주 이사장과 김재겸 상무가 그 뜻을 이해하고 받아들여 주었다. 그렇게 해서 한살림고양파주의 지역 생산자가 되어 지역과 밀착된 활동을 활발하게 벌였다. 그는 도시 소비자들과 더 많이 대화하고 소통하기를 원했다. 과수원의 배나무들을 소비자들에게 분양해 그들이 직접 과수원을 방문하고 돌보면서 열매를 수확하는 일도 그렇게 시작돼 지금까지 이어지고 있다. 그의 논은 농약과 화학비료를 안 치는 데서 더 나아갔다. 어린 모를 더 성기게 심어 스스로 모가 번져 나가면서 자생력을 키우게 하고, 물을 깊이 대 잡초 생장을 억제시키면 논에 투구새우 같은 수생 생물이 더 많이 깃들어 산다. 그는 그런 방식으로 '논 생물 다양성 농법'을 실천하고 있어 소비자 조합원과 아이들이 수시로 방문한다. 그는 한살림 생산자로서만이 아니라 파주시친환경무상급식네트워크나 파주시친환경농업인연합회를 결성하는 데도 적극 앞장섰다.

"연고도 없던 곳에 와 살지만, 마을 분들과 경계를 두지 않고 어울렸어요. 관행농을 하시는 분들에게도 제 생각을 드러내지 않고 스스럼없이 대하고 일도 거들고 했더니 다들 마음을 열고 이웃으로 받아들여 준 것 같아요. 그리고 빈손으로 들어온 지 십여 년 만에 집도 장만하고 농사도 점점 규모를 늘리면서 자리를 잡아가니까, 그게 이분들에게도 좋게 보였던가 봐요. 농사에도 희망이 있구나 하고요."

그는 부족한 농사 기술은 전국의 유기농 선배 생산자들을 귀찮게 하면서 부지런히 배웠다. 배의 경우가 특히 그렇다. 우리나라에서 제일 먼저 유기재배에 성공한 아산의 김경석 씨 같은 이에게 수시로 조언을 구했다. 올해도 배농사를 망치면 큰일이라 조바심을 내는 그에게 농사 스승은 "믿으면 잘될 것"이라는 경구 같은 가르침을 주었단다.

김상기 씨의 설득에 따라 파평면 금파리 일대 마을 사람들이 친환경농업을 실천하면서 지금은 십여 가구가 함께 생산자공동체를 이루고 있다. 천지보은공동체가 뿌리를 내린 것은 파주시의 농정 방향이 친환경농업으로 방향을 설정하게 된 데에도 영향을 주었다. 그 인연으로 농민으로서는 어린 축에 드는 타관바치이면서도 파주시친환경농업인연합회 회장을 맡고 있다.

"일이 많아서 힘들다, 피하고 싶다는 생각은 한 적이 없어요. 늘 일이 눈에 보여요. 저 일을 이렇게 하면 많은 사람들의 환경이 달라질 텐데, 일단 생각이 들면 안 하고는 못 배기죠. 곁에 있는 이들은 이런 제가 고달파 보인다 싶을 수 있는데……."

일을 대하는 이런 적극성이 어디서 왔는지, 그의 이야기를 듣다 보니 이해가 되었다. 어린 나이에 스스로 생존을 책임지며 운명을 개척해야 했을 그의 삶에서 나른한 휴식이나 권태로운 쾌락 같은 것이 끼어들 여지가 없어 보였기 때문이다. 그런 그에게 앞으로는 어떤 삶을 살고 싶은가 물어보았다.

"딱 쉰다섯 살까지만 돈을 벌기 위한 농사를 하고 그 뒤로는 농사 규모를 줄이고 싶어요. 그때 되면 아이들이 스무 살이 넘으니까요. 작은 집도 지어 보고 싶고."

"일이 많아서 힘들다, 피하고 싶다는 생각은 한 적이 없어요. 늘 일이 눈에 보여요. 저 일을 이렇게 하면 많은 사람들의 환경이 달라질 텐데, 일단 생각이 들면 안 하고는 못 배기죠. 곁에 있는 이들은 이런 제가 고달파 보인다 싶을 수 있는데……."

농사를 9천900㎡(3천 평) 남짓으로 줄이고, 조금 더 시간 여유가 생기면 기천문과 원불교 수련으로 마음과 몸을 닦고 마을에 빵집을 열어 사람들과 맛있는 빵을 나눠 먹고 지역 아이들의 공부를 돕는 일을 하고 싶다고 했다. 헬렌 니어링과 스콧 니어링처럼 '하루에 네 시간 노동하고 네 시간 독서하며 네 시간은 대화하는' 그런 삶을 말하는 것 같았다.

말과 글을 벗어나면 자각이 시작된다

그는 요즘 특별한 일이 없으면 새벽 4시 50분이면 잠에서 깬다. 잠시 '심고(心告)'를 하며 마음을 닦고 기천문 수련을 하면 한 시간 반 가량이 지난다. 정 피곤한 날은 늦도록 자지만 어지간하면 하루 중 이만큼만이라도 자기만을 위한 시간을 가지려고 한다.

그는 아내와 두 딸과 함께 산다. 큰아이는 원불교에서 운영하는 대안중학교 3학년에 다닌다. 어릴 때 떼어 놓고 자라게 한 일도 마음에 걸리고, 아이도 이제는 가족들과 함께 지내고 싶다고 해서 고등학교는 집 가까이 있는 일반학교로 진학하게 할 생각이다. 대신 초등학교 6학년에 다니는 둘째는 언니처럼 또 다른 대안학교로 진학하고 싶어 한단다. 아이들을 대안학교에 보내기는 했지만 사교육을 따로 시키지는 않았다. 전부터 아이들의 삶에 크게 개입하지 않아야겠다는 생각을 해왔다. 그러나 머리로 아는 것과 절실하게 깨닫는 것은 달랐던 모양이라고 했다. '아이들이 스스로 스승을 찾아갈 때까지 다치지만 않게 돌보면서 지켜보자'는 생각을 줄곧 해왔는데, 요즘은 그 말이 조금 더 절실하다는 것이다. 대안학교나 대안

교육에 대해서도 어디 멀리서 대안을 찾을 게 아니라, 부모의 삶이 대안이 되어야 하는 게 아닐까 싶다고 했다. "부모는 고통을 마지못해 견디는 식으로 살면서 자식에게는 다른 삶을 살라고 하면 과연 설득력이 있겠는가" 하는 말에는 고개가 끄덕여졌다. 부모의 삶이 괜찮아 보이면 아이는 자연스레 그 삶을 따라갈 텐데 말이다. 무슨 이유인지, 고등학교에 다니는 내 딸아이가 언젠가 "나는 엄마 아빠와는 정반대의 삶을 살겠다. 돈도 많이 벌고 화려하고 폼 나게 살겠다"는 말을 할 때 가슴이 허전했던 기억이 떠올랐다.

그는 원불교의 스승들이 했다는 '언어도단 입정처(言語道斷 入定處)'라는 말도 여러 번 했다. 언어가 인간을 발전시켜 왔지만 이제는 도리어 언어에 짓눌려 생각이 닫히고 괴로움이 가중된다는 말로 들렸다. 말과 글을 벗어난 지점에서 참된 자각이 시작된다는 그 말이나 그가 수련하는 기천문에서 강조한다는 '말이나 글에 집착하지 말고 몸으로 수행하라'가 어찌 보면 한가지 말처럼 들렸다.

"요즘 와서 생각하니 지금까지 거쳐 온 모든 것들이 다 한 줄로 꿰어지는 느낌이에요. 물질은 한살림에, 정신은 원불교에, 몸은 기천문에 기대서 살아가고 있는데 이게 다 그럴 만한 연원이 있었다는 생각이에요."

정말 평생 동안 꾸준히 치열하게 공부를 하고 있었구나 싶었다. 대학을 졸업하고 학위를 받은 이들이 철모르고 분별없는 소리를 하는 일이 많은 데 삶과 공부가 떨어져 있지 않은 그의 학업은 얼마나 알찬가?

서울로 돌아오는 길에 또다시 양동이로 퍼붓듯이 비가 쏟아졌다. 잠시 비가 그친 새 밭을 갈고 논둑에 무성하게 자란 잡초를 베어 놓고는 "농사일은 하고 나면 표가 나고 그날그날 매듭을 지을 수 있어 보람이 있어요"라며 온종일 바쁘게 일해 단정하게 정돈해 놓은 밭을 바라보던 그의 모습이 떠올랐다. 이렇게 쏟아지면 아마 다음날도 녹두모종을 밭에 심기 어려웠을 것이다. 작년에도 배농사를 망쳐 올 농사로 벌충해야 하는데 올 농사마저 힘들어지면 당장 내년 농사 자금도 어렵겠다며, 올겨울에는 품일이라도 꾸준히 해야겠다던 그의 말이 살갗에 박힌 가시처럼 따갑게 도드라져 왔다. 하늘은 왜 자꾸 이러시는가?

하늘과 땅 바다가 함께

안상희 유억근 김형호

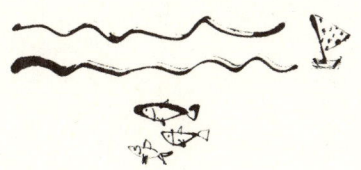

한 알의 밀알처럼 괴산에 뿌린 씨앗

안상희

충북 괴산 한살림축산영농조합법인

과연 세상에 희망이 있을까, 싶은 순간이 있다. 한국은 유래를 찾아보기 힘들 만큼 빠른 경제성장을 이루었고 웬만하면 고기도 배불리 먹게 되었다. 그러나 '정신의 허기'니 하는 관념적인 소리를 끄집어내지 않더라도 우리가 과연 '잘 먹고 잘 살게 되었을까? 지난겨울, 조류독감 때문에 산 채로 파묻은 닭과 오리만 2천500만 마리가 넘는다. 2010년 구제역 파동 때도 방송으로 소, 돼지 수백만 마리를 파묻는 광경이 연일 중계되는 걸 보면서 이게 지옥이 아니고 무엇인가 싶어 참담했다. 지옥은 욕망에서 빚어질 것이다. 욕망의 극단적인 좌절이 고통이고 그 궁극이 지옥일 테니 말이다. 산 생명을 떼로 생매장하는 일이 무슨 합리적인 조치인 것처럼 보도되는 것을 지켜보는 일도 무척 힘겹다. 최근에야 이 참극이 '공장식 축산' 때문에 빚어졌다는 여론이 고개를 들고 있다. 오로지 빨리 키워서 잡아먹겠다는 욕망이 가축을 밀집시켜 '생산'하고 이 때문에 가축들의 저항력이 떨어져 질병도 빠르게 확산된다는 진단 말이다. 맹목으로 욕망을 좇으면 만족도 비례해서 커질 것 같지만 아쉽게도 결과는 정반대라는 것을, 이제 조금씩 이해할 것 같다.

동물복지·생태순환과 떼어 놓을 수 없는 사람

안상희 씨는 1986년 한살림이 출발하던 해에, 이제는 '눈비산마을'이 된 충북농촌개발회에 합류해 그곳에서 2000년 3월까지 살았다. 그곳에서 나온 뒤에도 2003년부터 소와 돼지를 키워서 내는 축산 생산자들의 공동체인 한살림축산영농조합법인(한축회) '간사' 일을 괴산에서 해 왔다. 관행대로

라면 모임을 꾸리고 이끈 사람이 전무나 대표를 해도 어색할 게 없었겠지만 스스로 '간사'를 고집해 지금에 이르렀다. 눈비산마을은 햇빛과 바람이 잘 통하는 닭장에 짚과 풀, 왕겨를 깔고 암탉과 수탉이 자연에 가깝게 어울려 자라게 해 놓은 '야마기시식' 양계로 유정란을 생산한다. 눈비산마을에 가본 이들은 늠름하게 벼슬을 세우고 있는 장닭들과 공중에 떠 있는 산란 상자에 들어가 편안하게 알을 낳는 암탉들이 정답게 어울려 있는 광경에 어떤 안도감마저 느끼게 된다.

안상희 씨는 한살림이 세워 놓은 동물복지나 생태순환 같은 축산 원칙과 떼어 놓고 생각할 수 없는 사람이다. 그는 눈비산마을에 첫 유정란 닭장을 지을 때부터 그 일을 함께했고 한축회에서 소나 돼지도 톱밥이나 왕겨가 깔린 축사에 암소 한 마리당 $9.9m^2$(3평)을 고삐 묶지 않고 풀어 키우고, 돼지도 다섯 마리당 두 평 이상 공간에서 항생제 섞지 않은 사료를 먹고 뛰놀며 자랄 수 있게 하는 등 기준을 정하는 데에도 깊이 관여했다. 그러나 그는 기회 있을 때마다 "지금처럼 고기를 많이 먹으면 대책이 없다"는 말을 해 왔다. 고기를 당장 끊을 수 없다면 절제하고, 먹는 고기는 가급적 생태적인 순환을 고려한 '대안적'인 것을 택하자는 것이 그의 생각이다.

고기를 먹는 일이 숨 쉬는 가축을 키워서 잡는 과정에 닿아 있다는 것을 우리는 종종 잊는다. '양념 반 프라이드 반' 같은 배달 음식이나 비닐 랩에 쌓여 진열대에 말끔하게 놓여 있는 '생등심'을 보면서 그런 생각을 떠올리기는 쉽지 않다. 이제 가공식품의 포장을 뜯어 간편하게 고기로 식욕을 채울 수 있게 되었다. 고기는 곡식이나 채소에 비해 더욱 미각을 자극하고

눈비산마을은 햇빛과 바람이 잘 통하는 닭장에 짚과 풀, 왕겨를 깔고 암탉과 수탉이 자연에 가깝게 어울려 자라게 해 놓은 '야마기시식' 양계로 유정란을 생산한다.

식욕을 부추긴다. 오랜 세월 동안 특권층들이나 누리던 고기 먹는 일에 포한이 진 때문인지 한국의 고기 소비는 가파르게 증가하고 있다. 통계청 자료에 따르면 소고기는 2004년 1인당 31.3kg에서 2012년 40.5kg으로 늘었고 쌀 소비는 반대로 2004년 82kg에서 2013년 69.8kg으로 줄었다. 쌀 소비가 줄고 고기 소비가 는 만큼 사료인 수입곡물 수입이 는 것은 말할 것도 없다. 극단적으로 말하면 고기는 형질이 바뀐 곡물이라고 할 수 있다. 고기를 먹는 일이 단순히 식재료 선택이나 기호의 문제가 아닌 것이다.

공무원에게 직접 편지를 써 보낸 고등학생

안상희 씨는 충청북도 괴산군 소수면 옥현리에서 태어났다. 눈비산마을과 산을 사이에 두고 있는 마을이다. 1948년생이니 우리 나이로 예순 중반이 넘었다. 눈비산마을을 이끌어 온 조희부 씨와 동갑이다. 안상희 씨는 삼십 대 후반이던 1986년에 눈비산마을에 들어가 2000년 3월, 쉰 살을 훌쩍 넘길 때까지 살았다. 그들이 눈비산마을에 청춘을 바쳤다고 해도 틀린 말이 아니다. 안상희 씨의 부모님은 괴산에서 멀지 않은 음성군 원남면 출신인데, 70년 전에 도토리 서 말을 가지고 살림을 나와 옥현리에 자리를 잡았다고 한다. 보리나 쌀도 아니고 산에서 나는 도토리 서 말······.

안상희 씨는 음성고등학교 양잠과를 졸업했다. 매사 빈틈없고 부지런한 아버지 덕에 그는 마을에서 처음으로 고등학교에 진학했다. 수천 년 전통을 가진 우리 잠업은 세계적으로 기술력을 인정받고 있었고 농업을 빼고는 이렇다 할 산업이랄 게 없던 시대라 나라에서 집중 육성하고 있었다.

그는 고등학교 때 '남다른 짓을 저지른' 적이 있다. 그가 다닌 음성고등학교 잠업과는 실습용 누에를 키울 뽕나무가 부족해 어려움을 겪고 있었다. 그는 이런 사정을 충청북도 잠업과장에게 직접 편지에 써서 호소했다. 별 기대를 하지 않고 한 일인데 뜻밖에도 당시 잠업과장이던 김진해 씨로부터 '묘목 천 그루를 지원해 주겠다'는 답장이 왔다. 그는 지금도 그 편지를 간직하고 있다. 고등학생의 편지를 관심 있게 읽어준 공무원도 대단하지만 그런 편지를 써 보낼 엄두를 낸 어린 고등학생도 예사롭지 않게 여겨졌다. 편지를 받고 그는 "가슴이 뛰었다"고 했다.

중학생 때 일도 재미있다. 다들 가난하게 살던 시절이라 그도 부모님께 도움이 될까 해서 중학교 2학년 때 닭을 키웠다. 닭이 늘자 계사를 늘려 짓기 위해 음성군 금왕읍 친척집으로 흙벽돌 찍는 기계를 가지러 간 적도 있다. 쌀가마보다 더 무거워 결국 옮겨오지는 못했지만 소년 안상희의 기질이 어땠는지 짐작할 수 있는 대목이다.

고향 마을 첫 고등학생이던 안상희 씨는 역시 마을에서 배출한 최초의 공무원이 된 뒤 1970년 스물세 살 때 두 살 연상인 연재순 씨와 결혼했다. 연애 같은 건 감히 할 엄두를 못 냈다. 부모님이 정혼을 했고 붓 벼루 들고 가서 신랑신부의 사주를 써서 교환한 게 혼인 준비의 모두였다. 그렇지만 부부는 평생 서로를 각별히 위하며 가정을 꾸려 왔다. 10년쯤 공무원 생활을 하던 그는 1979년에 돌연 사표를 냈다. 바로 얼마 뒤 영원할 것 같던 유신통치가 막을 내렸다. 사표를 낸 이유를 묻자 "제도권에서 받는 스트레스가 싫었고, 연로하신 부모님을 대신해 농사를 이어가야겠다" 싶었기 때문이라고 했다. 경우 바르지 않은 일에는 타협이 없는 성정으로 유신독재 치하에서 공무원으로 사는 일이 견디기 어려웠을 것이다. 사직을 하고 농부로 마을에 돌아와 부모님이 돌아가실 때까지 꼬박 고향 전답을 지켰다. 고추농사와 벼농사를 지었는데 처음에는 농약을 많이 쳤다. 그 즈음에는 그것을 당연하게 여겼다고 했다.

'임꺽정과 형제들' 같은 동지애

농사를 지으면서도 바깥 활동을 전혀 하지 않은 것은 아니었다. 제5공화국 치하에서 그는 민주정의당(민정당) 소수면 조직책임자 역할을 했다. 당시의 흐름으로는 자연스러운 일이었다. 공무원 출신으로 서슬 퍼런 민정당의 제안을 거부하기도 어려웠을 것이다. 1985년 12대 국회의원 선거에서 내무부 장관 출신 김종호 씨를 당선시킨 뒤 그는 "그쪽으로는 아예 발길을 딱 끊었다"고 했다. 눈비산마을을 이끌어온 '조희부 씨와 인연을 맺은 것'도 이 무렵이다. 그 전에도 면식은 있었다. 서울 법대를 졸업한 학생운동 출신 조희부 씨가 그 무렵 괴산에 와 있었다. 당연히 그는 사찰 대상이었고 전담 형사가 졸졸 따라다닐 정도였다. 그가 잠시 인천 와이엠씨에이 간사로 갔다가 다시 돌아온 일도 안상희 씨는 소문으로 들어 알고 있었다. "조희부가 다시 돌아왔다며?" 공무원들뿐만 아니라 지역의 사람들이 만나면 이런 이야기가 나돌 정도였다.

눈비산마을은 한살림 초기에 중요한 축이었고 지금도 매년 수많은 조합원들이 찾아와 견학을 한다. 눈비산마을은 1968년 미국 메리놀선교회

에서 파견한 천주교 청주교구 소속 신부들이 괴산가축조합을 만들고 시범 목장을 설립하면서 시작되었다고 한다. 1974년에는 '충북육우개발협회'로 전환해 송아지 계약 생산, 축산 기술과 협동조합 교육 등을 진행했고, 1981년에는 충북농촌개발회로 이름을 바꾸고 종합적인 농촌 개발에 나섰다. 1987년부터는 '야마기시식' 유정란을 시험 생산하고 1990년부터 본격적으로 한살림에 유정란을 내고 있다.

괴산에 뿌리박고 세상을 변화시키겠다는 '야망'이 그 무렵 눈비산마을에 모인 사람들 마음속에 이미 자리 잡고 있었던 것 같다. 안상희 씨는 괴산이 "지금처럼 된 것"은 순전히 "조희부 한 사람에서 시작된 일"이라고 했다. 1980년 사표를 낸 안상희 씨가 괴산을 떠나려고 한다는 소문이 조희부 씨의 귀에 들어갔는지 우연히 마주친 자리에서 "괴산 떠나실 때는 저와도 좀 상의를 해주시죠" 이런 말을 흘리듯이 던졌다고 한다. 마치 괴산 출신 홍명희가 쓴 《임꺽정》에서 꺽정이와 의형제들이 인연 따라 만나 서로를 알아보며 천하를 도모하는 광경만큼이나 드라마틱한 이야기다. 실제로 1986년, 안상희 씨는 눈비산마을에 합류했다. 일만 같이한 게 아니라 아예 들어가 함께 살았다. 지금도 크게 다르지 않지만 눈비산마을에 들어와 함께 산 이들 대개가 인생의 한 시기를 사적 이익이 아니라 자신들이 추구하는 가치를 위해 바쳤다. 주변에서는 조희부 씨가 "삼고초려해서 안상희를 데려갔다"고들 수근댔다. "왜 하필 '민정당'에 참여했던 이를 합류시켰냐?"고 투덜대는 이들도 있었다. 안상희 씨뿐만 아니라, 1995년부터 12년 동안 괴산군 군의원을 역임하고 마지막 4년 동안은 군의회 의장까지 지낸 이재

화 씨, 흙살림 이태근 회장 같은 이들이 모두 눈비산마을 출신이다. 비유가 어울릴지 모르겠으나, 청석골에 모였던 임꺽정의 형제들처럼 말이다.

괴산군은 2015년에 세계 유기농산업엑스포를 연다고 한다. 그런 엄두를 낸 데에는 괴산에 그만큼 유기농업을 하는 농부들과 관련 기반이 있기 때문일 것이다. 현재 괴산군에는 눈비산마을을 비롯해 감물흙사랑공동체, 느티나무공동체, 상무문장대유기농공동체, 솔뫼농장, 칠성유기농공동체, 한축회 등 10개 공동체 220여 세대가 생명이 살아 있는 농사를 짓고 있다. 그뿐 아니라 한살림축산가공식품, 괴산잡곡처럼 인근 지역 농축산물을 가공하는 생산지까지 포함하면 모두 400여 명이 2013년에만 450여억 원어치 농산물과 가공식품을 한살림에 내고 있다. 괴산 지역이 이렇게 유기농과 마을공동체 기반을 갖추게 된 것이 그저 우연이 아니었던 것이다.

내가 닭을 키우는 건지, 닭이 나를 키우는 건지

"오래 있었지, 눈비산마을 계사를 한 동 빼고는 다 내가 있을 때 지은 거니께. 돌아가신 박재일 회장님이 한살림에 유정란이 필요하다고 하시니까 (눈비산마을에서) 처음 닭을 시작했는데, 처음 병아리 350마리를 같은 방에서 자면서 계사에 넣을 때까지 돌봤어. 그 중에 다섯 마리도 안 죽였다니께."

이렇게 각별한 정성이 지금 눈비산마을에 내는 '암수 서로 정답게 어울려 낳은' 한살림 유정란을 탄생시킨 것이다.

"닭들은 해 준 만큼 어김없이 보답해. 사람은 안 그럴 때도 많잖아. 그런데 닭을 계속 키우다 보면 내가 닭을 키우는 건지 닭이 나를 부리는 건지 헷갈릴 때가 있다니까."

비슷한 말을 전에도 들은 적이 있다. "닭들이 일요일이나 명절 맞춰 알 낳는 게 아니니까 365일 계속 수발을 들 수밖에 없다"는 말.

그는 눈비산마을에 들어가 사는 동안 한살림을 세운 박재일 회장이나 그의 친구 김지하 시인, 그리고 눈비산마을을 여전히 지키고 있는 조희부 씨 같은 사람들을 만나면서 자신의 생각이 "굳어지고 깊어졌다"고 했다. 그는 눈비산마을 닭들이 1만 3천여 마리로 불어날 때까지 그곳에서 기틀을 다졌다. 그 뒤 2003년부터는 한축회(한살림축산생산자연합회)를 결성하는 데 앞장서고 그 조직을 이끌었다. 그러나 한 번도 대표이거나 전무 같은 직책을 가진 적이 없다. 그저 '안 간사'였고 지금도 그렇다.

"1993년 무렵부터 한살림 소비자들이 논지엠오(Non-GMO) 사료를 이야기하기 시작해요. 당시 눈비산마을 닭 사료 가운데 60%가 수입 옥수수, 나머지 40%가 풀이나 그런 것인데, 옥수수만 하루에 700kg이 필요해요. 옥수수 350kg를 기르자면 땅이 991㎡(300평) 필요한데, 매일 1천983㎡(600평), 일 년이면 72만 7천200㎡(22만 평) 옥수수밭이 필요해. 닭들이 옥수수를 그만큼씩 먹어치우니 이건 견딜 재간이 없지. 우리나라에 그만한 땅도 없고 우리(한살림)는 무리를 해서 어떻게 꾸려간다고 칩시다. 온 나라 육식을 감당할 수 있겠냐고……."

그는 소비자들에게 계산을 해 가며 설명했다. 어쨌든 한살림에서는 2009년부터 논지엠오 사료로 키운 닭이 낳은 유정란을 일부 내고 있다.

논지엠오 사료라고는 해도 국내에서 키운 옥수수는 아니고 해외에서 논지엠오 인증을 받은 수입 곡물을 들여와 항생제 등의 첨가물을 뺀 정도다. 그런데도 무항생제 사료 유정란 열다섯 알이 4천800원인데 논지엠오유정란은 6천700원으로 가격차가 크다. 설령 국산 사료만으로 닭을 키워 유정란이나 닭고기를 낸다고 해도 가격은 상상 이상 올라갈 수밖에 없을 것이다. 아무리 따져도 그의 말처럼 고기 소비를 줄이는 것 말고는 답이 없다.

"그나마 소는 조사료 때문에 논지엠오 사료가 가능해요. 돼지도 작년부터 한살림에서 우리보리사료를 내면서 옥수수를 다 빼고 있고 2014년 9월부터는 한살림 모든 돼지사료에서 옥수수를 뺄 수 있을 것 같아요."

이윤을 높이자고 남아도는 옥수수를 먹여서 키운 가축에 지방을 축적하는 오메가6가 과다하게 들어 있다는 방송이 사람들을 놀라게 했다. 한살림은 이 보도가 나오기 훨씬 전부터 수입 옥수수 의존을 줄이고 국산사료 자급률을 높이기 위해 꾸준히 노력해 왔다. 건초나 볏짚 같은 조사료를 섞어 2009년 3월에 티엠알(TMR; Total Mixed Ration, 완전혼합사료) 사료 공장을 세워 스스로 사료를 조달하고 있다. 하천변에 자라는 풀이나 볏짚, 콩깍지 같은 유기농사 부산물, 겨울철 빈 논밭에서 키운 호밀 같은 사료 작물들을 곡물에 섞어 만드는 것이 티엠알 사료다.

한살림은 2013년부터 '우리보리살림돼지'를 통해 보리농사도 지키고 수입 옥수수 의존도 줄이기 위해 노력하고 있다. 정부에서 2012년부터 보리수매제를 포기하면서 보리농사는 더 이상 유지되기 어려운 상황에 처했다. 쌀과 함께 주곡의 자리를 지켜온 보리농사가 아예 끊기게 생긴 것이

"그나마 소는 조사료 때문에 논지엠오 사료가 가능해요. 돼지도 작년부터 한살림에서 우리보리사료를 내면서 옥수수를 다 빼고 있고 2014년 9월부터는 한살림 모든 돼지사료에서 옥수수를 뺄 수 있을 것 같아요."

다. 보리 소비도 급감했다. 우선은 보리농사를 유지하는 게 시급하다. 당장은 보리 수요가 적기 때문에 발아시켜서 수입 옥수수 사료를 대체하자는 것이 한살림의 '우리보리살림돼지', '우리보리살림사료'가 탄생한 배경이다. 보리를 발아시키면 소화 흡수율이 높아지고 돼지들이 옥수수 못지않게 잘 먹는다고 한다. 사업 시행 첫 해인 2013년에만 한살림은 우리보리 농지 10만 9천900㎡(33만 평)을 확보했고 2014년 이후로는 닭과 소사료까지 확대해 462만 8천㎡(140만 평) 이상을 확보할 수 있다고 한다. 만약 국제 곡물 가격이 폭등해 원활하게 수입을 못하게 되면 이렇게 키운 보리를 사료가 아니라 식량으로 전환할 수 있기 때문에 '식량 안보' 차원에서도 이는 중요한 일이다.

가슴에 싹튼 '토종씨앗'

시간 가는 줄 모르고 이야기하다 보니 점심때가 지났다. 밥을 먹으러 가자며 안상희 씨는 '더블캡트럭'에 나와 사진기자를 태웠다. 눈 쌓인 천변 비포장도로를 달리는 트럭에서 그는 카세트테이프를 꾹 눌렀다. 고속도로 휴게소에서나 들을 법한 떠들썩한 트로트 장단이 적막한 겨울 천변에 울려 퍼졌다. '내 나이가 어때서 사랑하기 딱 좋은 나이다.'

"지난 주말에 결혼식에 갔다 오다가 고속도로 휴게소에서 샀어. 어때? 가사가 재미있잖어?"

그는 이제 곧 한축회마저 떠날 생각이다. 이 글이 지면에 실릴 때쯤이면 이미 그나마 유지해 오던 한축회 간사 직책마저 내려놓았을 것이다. 그는 민물고기로 매운탕을 끓여 내는 식당에 앉아, 남은 생애에는 고향마을에 돌아가 '토종씨앗'을 보존하고 확산하는 일에 매진하고 싶다고 했다. 알다시피 우리나라만이 아니라 온 세상 농업은 이미 거대 '곡물메이저'들이 장악했다. 몬산토의 종자를 매년 새로 사고 그 종자에 맞는 농약도 사야만 농사를 지을 수 있게 되었다. 농부는 굶어 죽어도 씨앗을 베고 죽는다는 말이 있다. 그러나 이제는 대지의 힘으로만 작물을 기르고 거기서 채종을 해 농사를 이어가는 게 독립운동만큼이나 절박한 일이 되었다. 그가 우리 씨앗을 지키고 퍼트리는 일에 여생을 바치겠다고 결심한 것도 이 때문일 것이다. '사랑하기 딱 좋은 나이'라는 말. 열망이 있는 사람에게 나이는 개의할 바가 아니다. 평생 마음에 중심을 세우고 수행하듯이 운동의 한길을 달려온 그의 가슴에 또 다시 '토종씨앗'이라는 화두가 들어와 사랑의 열망처럼 싹트고 있다. 씨앗은행이든 시범포든 그는 당장 올해부터 그 일을 하겠다고 한다.(2014년 괴산 산골짜기 약 1만 3천223m^2(4천 평) 땅에 토종씨앗 채종포가 만들어졌다.) 이런 마음이 사랑이 아니면 무엇이겠는가? 지금 나이가 사랑하기 딱 좋은 나이라는 말, 절로 고개가 끄덕여졌다.

소금다운
소금을
먹게 한 이
유억근

전남 신안 마하탑

"그날 소금이 얼마나 올지는 하늘만이 알아요."

　신안군 임자도 이흑암리 염전에서 그는 무심한 눈길로 하늘을 올려다보며 이렇게 말했다. 염전 사람들은 증발지를 거치며 염도가 높아진 바닷물이 결정지에 도달해 소금 결정으로 맺히는 것을 '소금이 온다'고 했다. 씹어 볼수록 말맛이 나는 표현이다. 마치 그의 염전에서 막 걷어 낸 소금 몇 알을 혀끝에 올려놓았을 때 필시 바다에서부터 왔을 비릿한 생명의 기운이 아련하게 맡아지던 것처럼 말이다. 그들의 표현대로라면 소금은 과연 어디에서부터 우리에게로 오는 것일까? 그 말을 들으며 우리의 몸조차 빅뱅의 순간에 흩어진 별 부스러기들로 이루어져 있다는 말을 떠올렸다면 지나칠까? 어찌 소금뿐이랴? 눈앞에 보이는 모든 사물, 사람과 생명 있는 모든 것들이 인간들이 이제까지 발견하고 알게 된 110여 개의 원소들이 이렇게 저렇게 조합된 결과물일 테고, 생각하기에 따라서는 정신이나 마음조차도 그들의 작용과 밀접한 것이 아니겠는가?

임자도에서 태어나 남녘 바다의 기운으로 자라

　임자도 사람 유억근 씨는 우리가 매일 먹고 있는 소금이 물이나 쌀만큼이나 중요하다는 것을 남들이 미처 깨닫기 전에 먼저 생각한 이다. 그와 함께하는 이들의 수고로운 노동을 통해 세상으로 오는 천일염 덕분에 우리 가족들은 여느 한살림 조합원들처럼 다른 양념을 하지 않아도 개운하고 깔끔한 국물을 매일 먹고 살게 되었다.

　2007년 11월에 가까스로 법이 개정되기 전까지 우리 갯가에서 생산된 천일염은 광물로 분류돼 식품으로 인정을 받지 못하고 천덕꾸러기 취급을 당해 왔다. 2005년까지만 해도 정부는 염전을 사양산업으로 치부하고 폐전지원금까지 주면서 염전을 닫도록 종용했다. 이 시대의 흐름을 거스르면서 소금다운 소금의 가치를 먼저 깨닫고 지켜 온 이가 한살림에 소금과 젓갈을 내는 마하탑의 유억근 대표다.

그에게 전화를 걸면 신호음 대신 오래된 레코드판에서 복원했을 법한 이난영의 〈목포의 눈물〉이 애잔하게 들려온다. 그는 임자도에서 초등학교까지 마치고 목포로 유학을 떠나 그곳에서 중고등학교를 다녔다. 인터뷰를 위해 임자도에 가 그를 만나고 온 지 얼마 지나지 않은 2009년 8월 김대중 전 대통령의 국장이 있었다. 그이 역시 목포 앞바다의 섬에서 태어나 목포에서 젊은 날을 보냈다. 고통 받는 이들을 끌어안은 채 엉엉 울 줄 알던 그 대통령의 애창곡 역시 〈목포의 눈물〉이었다고 한다. 민족 전체가 고통을 견뎌왔지만 근현대사에서 특히 이 지방 사람들이 겪은 세월은 더욱 시리고 고되며 외로운 것이었을 터다. 그 때문인지 남도 사람들의 눈빛은 대개 촉촉하고 깊어 대하는 사람의 마음을 웅숭깊게 들여다보는 느낌을 준다. 또 높낮이 차가 그다지 크지 않으면서도 부드러운 그 지역 말씨에는 유독 말하는 이의 감정이 많이 실려 있어 듣는 이의 마음을 잡아끄는 묘한 친근감이 느껴진다. 그의 말투와 눈빛이 똑 그랬다.

서해안고속도로가 뚫려 많이 단축됐지만 서울에서 임자도까지 가는 길은 여전히 멀다. 연이은 태풍이 중국과 일본에 사상 최대의 폭우를 쏟아붓고 그 여파로 우리 국토의 남녘에도 장대비가 쏟아진 다음 날 그를 만나러 남쪽으로 달려갔다. 서해안고속도로 무안 나들목을 빠져나와 남쪽 지방에서나 볼 수 있는 동백이나 무화과나무들 사이로 붉은 황토가 드러나 있는 완만한 둔덕들을 달리다 보면 어느 순간엔가 지도라는 섬에 들어서게 된다. 1974년에 육지에 연결된 탓에 섬에 들어섰다는 것을 느끼지 못할 수도 있다. 20~30분을 더 달리다 보면 부지불식간에 차는 바닷물이 일렁이는 점암 선착장에 도달한다. 여기서 또다시 차와 사람이 함께 배를 타고 20분 정도 바다를 건너면 임자도에 닿는다. 양파와 대파농사를 많이 하고 섬의 끄트머리에 있는 포구 전장포에서는 우리나라 새우젓의 60%가 난다.

2009년 현재 한살림생산자연합회 부회장이기도 한 그는 한살림의 이런저런 회의에 참석하기 위해, 또 매월 첫 주 일요일 대통령 경호실 삼청 법당에서 여는 법회를 이끌기 위해 거의 매주 이 먼 길을 거슬러 서울에 왔다가 섬으로 돌아온다. 그가 서해안고속도로를 달릴 때 차창 밖으로 장엄한 노을이 지기도 할 것이고, 도선장에서 배를 기다릴 때면 때로 물에 젖은 솜처럼 피곤한 몸으로 막막한 바다를 바라보기도 했을 것이다.

2009년 올 초, 육지 나들이가 너무 과하다 싶던 차에 건강에도 무리가 와 (그 무렵 갑자기 귓속 달팽이관에 이상이 생겨 심한 어지럼증을 느꼈다) 그는 맡고 있던 한살림생산자연합회 전남 대표 자리를 사양했다. 그러나 조직에서는 오히려 그에게 전국연합회 부회장 자리를 맡겼다. 천성적으로 남의 요구를 잘 거절하지 못하는 그는, 또 맡은 일을 성글게 하는 것은 성에 차지 않아, 지금도 여전히 서울이나 대전에서 열리는 회의와 행사에 참여하기 위해 거의 매주 섬에서 뭍으로 나온다.

유억근 씨는 조상 때부터 살아온 이 섬에서 태어나 초등학교를 졸업할 때까지 살았다. 그가 태어난 집은 섬에 유배와 있던 조선 문인화의 시조 조희룡이 살던 집이다. 추사 김정희 등이 들여온 중국의 화풍을 배제하고 조선 문인화의 시원을 열었다는 그의 정신이 오늘날의 유억근 씨에게도 어떤 식으로든 전달되지 않았을까? 아버지는 섬에서 비교적 넉넉하게 농사를 지었다. 학교 공부에 재주가 있던 둘째 아들을 당시만 해도 배를 타고 네댓 시간은 족히 가야 할 만큼 먼 목포로 유학을 보냈다. 섬에서 상급학교로 진학하는 이들이 채 20%도 안되던 때였으니 유학을 떠나 일류학교에 진학한 그에게 집안에서 걸었을 기대가 어땠을지 짐작할 수 있다. 그런 그가 훗날 고향으로 돌아와 소금과 젓갈 공장을 차리자 상심한 아버지는 돌아가실 때까지 일절 그가 만든 것들을 입에 대지 않았다고 한다.

부부가 살뜰한 마음으로 지은 소금농사

목포에서도 공부를 곧잘 한 그는 중학교 때 이웃집에 살던 초등학교 6학년 이정심의 목포여중 입학시험 준비를 도와주었다. 이 인연으로 이들은 훗날 부부가 되었다.

"이 사람이 목포여중 시험에 붙은 상태에서, 장인어른이 가방까지 사주시고는 갑자기 돌아가셨어요. 초등학교 5학년이던 처제, 3학년인 처남, 이웃집의 어린 삼남매가 얼마나 안됐던지 마음이 아팠어요. 그래선지 지금도 어린 동생 같고 그래요."

그는 아내를 물끄러미 바라보며 이렇게 이야기했다.

유학을 떠나 일류학교에 진학한 그에게 집안에서 걸었을 기대가 어땠을지 짐작할 수 있다. 그런 그가 훗날 고향으로 돌아와 소금과 젓갈 공장을 차리자 상심한 아버지는 돌아가실 때까지 일절 그가 만든 것들을 입에 대지 않았다고 한다.

"남들은 결혼하고 오래 지나면 권태기가 온다고 얘기하는데 나는 그런 말을 잘 이해 못해요. 한 번도 그런 마음이 들어본 적이 없거든요." 남편의 이런 말을 아내도 똑같이 되풀이한다. "사업하면서 남들 요구 쉽게 거절하지 못해 떼이고 그런 게 안쓰러운 적은 있을지 몰라도 남편이 저나 아이들한테 한 것 때문에 서운했던 적은 한 번도 없었어요."

이렇게 한결같은 마음으로 서로를 믿고 의지하며 살뜰하게 사랑하지 않았다면 당시 모두 손사래를 치며 말리던 소금 일을 계속하기는 불가능했을 것이다.

그는 서른한 살 때인 1982년, 고등학교를 졸업하고 서울 을지로입구에 사옥이 있던 대기업에 취직한 아내와 다시 만나 결혼했다. 아내가 스물일곱 살 때 일이다. 결혼을 하고 이내 첫 아이가 들어섰다. 결혼과 아이의 출생, 그리고 용암처럼 뜨거웠던 1980년 5월의 일들이 고시를 준비하고 있던 그의 삶에도 적잖은 영향을 끼쳤을 것이다.

"인생 공부를 했죠. 그 무렵 마음속에 어둠과 방황이 있었어요."

이렇게 절제된 표현으로 담담히 회고했지만 그가 겪었을 번민을 희미하게나마 짐작할 수 있을 것 같았다. 마하탑이라는 이름이 짐작하게 하듯, 그 무렵 마음의 갈등을 넘어서려고 불교 공부를 시작했고 포교사 자격을 얻었다. 큰딸 지원이가 들어선 무렵에 그는 출세를 향한 공부를 깨끗이 단념했다. 그리고 몇 년 선배의 변호사 사무실에서 사무장 일을 했는데 어떤 이유인지 그간 해오던 공부나 전공과는 전혀 무관한 소금이 눈에 들어왔다고 한다. 1986년 무렵이었다. 그가 말한 우연한 계기가 무엇이었을까?

정제염, 재제염이 식용 소금의 전부인 것처럼 여겨지던 시절이었고, 소금이 고혈압 등 각종 질병의 원인으로 지목되고 있었지만 그는 섬에서 나고 자라면서 물처럼 공기처럼 늘 먹어온 천일염과 그것으로 담근 새우젓과 그것을 휘휘 풀어 끓인 국물맛에 대해 자연스럽고도 편안한 기억을 고스란히 간직하고 있었다.

몸을 상하게 하는 소금, 이롭게 하는 소금

재제염은 국산 천일염과는 달리 미네랄 성분이 거의 없는 멕시코나 호주 등에서 수입한 천일염을 물에 끓여 염화나트륨성분이 95% 이상 되게 다시 만든 것이다. 정제염은 기계장치를 통해 바닷물에서 염화나트륨 성분만 99% 이상 되게 뽑아낸 인공 소금이다. 그 밖에도 중국 등에서 들여온 값싼 암염을 등을 쓰는 탓에 지금 우리나라 천일염은 공업용을 포함한 국내 전체 소금 수요의 10%, 먹는 소금의 40%밖에 안 된다.

우리나라 갯벌의 염전에서 생산되는 천일염은 염도가 80% 정도이고 나머지는 미네랄 성분으로 채워져 있다. 미네랄의 사전적 의미는 광물질이다. 질소, 수소, 산소, 탄소 등 우리 몸에 있는 원소 중 대부분을 차지하는 네 가지를 제외한 나머지 성분의 총칭이라고 할 수 있다. 미네랄은 뇌와 세포 사이의 정보 소통을 매개하는 등 필수적인 성분이지만 몸 안에서 생성되지 않아 음식을 통해 섭취해야 한다. 몸 안에 미네랄이 부족하면 면역체계가 교란돼 건강을 해치게 된다. 그런데 저개발국가에서는 문제가 없는데 미국 등 앞서 산업화된 나라 사람들은 예외 없이 미네랄 부족에 시

달리고 있다. 예전에는 토양에 미네랄이 풍부했지만, 수세식 화장실이 일반화돼 똥의 순환이 단절되고, 무분별하게 화학비료와 농약을 살포하면서 작물을 통해 미네랄을 섭취하기가 어려워진 데다 패스트푸드와 가공식품을 많이 먹는 식생활 때문에 그렇게 된 것이라고 한다. 그런데 놀랍고 고맙게도 1kg에 7~8만 원씩 고가에 팔리는 프랑스의 게랑드 소금이나 이탈리아의 천일염보다도 우리나라 신안군에서 나는 천일염이 미네랄을 월등하게 많이 함유하고 있다고 한다. 그나마 이런 사실들이 밝혀진 것은 마하탑 소금이 세상에 나온 지 한참 뒤의 일이다.

천사들을 만나다

유억근 씨는 1986년 무렵부터 목포 용당동 시장에 작은 공장을 세우고 고향 임자도에서 생산된 천일염을 가져다 한살림에 소금을 내기 시작했다. 국산 천일염 자체가 천대받던 상황에 갑자기 염전일에 뛰어든 그를 이해해 준 사람은 거의 없었다. 당시 막 첫발을 내딛은 한살림이 천일염의 가치를 인정하고 이해해 주었을 뿐이었다. 이상국 씨(2014년 현재 한살림연합 대표)를 통해 한살림과 관계를 맺고 윤선주, 하선주, 서형숙 씨 같은 초창기 조합원들을 만났다. 천일염에 대한 그의 신념을 이해하고 신뢰하면서 격려해 주던 그 무렵의 한살림이 "천사들의 집단 같았다"고 그는 회고했다. 얼마나 싸게 사서 이익을 취할 것인가만 따지는 시장 논리와 달리 사람에 대한 배려, 사람과 자연에 대한 웅숭깊은 생각이 어리둥절할 정도로 선량하게 여겨졌기 때문이었다.

"초창기 실무자들도 그래요. 그때 대학을 졸업하면 또래 친구들이 한 달에 100만 원쯤 받았어요. 그 사람들은 25만 원을 받으면서 겉보기에는 식품 배달과 다를 바 없는 일을 했잖아요. 신념이 없으면 하기 어려웠겠죠. 가끔 서울에서 밤늦게 일을 끝낸 그들과 생맥주라도 한 잔 하다 보면 그 순수하고 열정에 찬 자세가 무척 좋았어요."

지금도 그는 삶에서 한살림을 빼놓는 일은 상상하지 못한다. 아내는 그런 그를 두고 "한살림 없이는 아무것도 할 수 없는 사람"이라면서 웃었다. 그러나 초창기 한살림은 조합원도 몇 세대 되지 않았고 소금의 수요도 미미했다. 소금을 내고 얻는 수입은 몇 년 동안 월 5만 원 남짓밖에 되지 않았다. 두 딸이 아직 어릴 때였다. 한살림 실무자나 조합원들이 늘 "생활을 어떻게 꾸려가느냐?"며 그를 걱정했다. 아내는 "25만 원만 갖다 주면 걱정이 없겠다"고도 했다. 5년쯤 버틴 뒤에는 그도 앞이 보이지 않는 이 일을 지속할 것인지 고민에 빠졌다. 아내에게도 "딱 2년만 더 해 보고 안 되면 포기하겠다"고 이야기했다. 1992년 그가 개발한 '볶은 소금'으로 희망이 보이기 시작했다. 천일염을 300℃ 정도의 열로 볶은 소금은 미네랄을 고스란히 간직하고 있으면서도 화학조미료 없이 조리하기에도 좋아 소비자들의 반응이 뜨거웠다. 당시 천일염은 식품이 아니라 광물질로 분류돼 가공식품 등에 쓰이는 데 제약이 많았지만 볶은 소금은 처음으로 식품 허가를 받았다.

1996년부터는 아예 섬에 있는 염전을 매입해 직접 소금을 생산했다. 그러나 섬에 돌아와 사양산업으로 치부되던 염전을 열고 소금 가공 공장을 지으려는 그를 대하는 고향 사람들의 반응은 싸늘했다. 가까스로 고향 마을 뒷산에 부지를 마련하고 공장을 지으려고 할 때도 오수가 배출될지 모른다며 반대해 포기해야 했다. 이 때문에 지금 볶은 소금 공장이 있는 이흑암리 바닷가 쪽에 다시 부지를 마련해야 했다. 그러나 그는 섬사람들이 채취한 쑥과 고사리를 비싼 값으로 사들여 한살림에 내면서 주민들의 소득을 높이는 데 기여했다. 외지 상인들은 고사리와 쑥을 채취해 놓으면 갑자기 그날 섬에 들어오기 어렵겠다고 연락을 해 값을 후려치는 식으로 농간을 부리곤 했다. 하지만 그는 시세보다 훨씬 좋은 가격으로 사들이고 상대적으로 싼값으로 한살림과 일부 생협에 공급했다. 섬사람들은 차차 그의 진정을 이해하기 시작했다. 그의 사무실에는 주민들이 감사의 마음을 담아 증정한 감사패가 놓여 있다.

"임자도에 들어온 것은 고향이라서가 아니라 돈이 없었기 때문이에요. 섬에 와서 염전과 공장을 세우는 일을 머릿속에 그려 보는데 몇 개의 산봉우리를 넘어야만 도달할 수 있는 아스라이 먼 곳을 향하는 것처럼 막막했어요. 또 고향이라도 금의환향하지 않으면 환영받기 어려워요. 두 배로 노력하지 않으면 안 되더라고요."

변변한 수입도 없이 몇 년을 뚝심 있게 버텨 낸 일이나 섬으로 들어가 사업을 시작한 일 모두가 한결같은 마음으로 믿고 함께한 아내가 없었다면 과연 가능했을까. 아내와의 사이에 두 딸을 둔 인연 때문일까? 그는 마하탑의 이익금 가운데 3%를 '여사랑운동기금'으로 적립하고 있다. 말 그대로 여자를 아끼고 사랑하는 일, 특히 여성의 몸을 귀하게 여기는 일을 염

변변한 수입도 없이 몇 년을 뚝심 있게 버텨 낸 일이나 섬으로 들어가 사업을 시작한 일 모두가 한결같은 마음으로 믿고 함께한 아내가 없었다면 과연 가능했을까.

두에 둔 것이다.

　우여곡절 끝에 그는 조금씩 일을 밀고 나가 결국 소금다운 소금, 고향의 살아 있는 갯벌과 찰진 햇살과 바람이 가져다주는 건강한 소금을 생산하게 되었다. 그가 만드는 소금은 우리나라 천일염 가운데서도 독특한 가치가 있다. 임자도의 갯벌 염전들은 모두 청정해역인 신안 앞바다의 바닷물을 저수지로 끌어들인 뒤 각각의 염전마다 자신들의 증발지로 물을 끌어들인다. 염도 3%의 바닷물은 1증발지와 2증발지를 거치면서 15%까지 염도가 높아진 뒤 마지막 소금 결정지로 온다. 저수지에는 짱뚱어, 게와 석화 같은 온갖 생물들이 바글거리고 그의 염전 증발지에는 함초도 자라고 이끼도 끼어 있다. 여느 염전들과 달리 바닷물을 햇볕과 바람으로 증발시키는 것 말고는 아무런 화학 처리도 하지 않기 때문에 건강한 생태계가 끝까지 유지되는 것이다.

　염도가 높아진 바닷물은 도중에 비가 쏟아지면 '비설거지'를 해 염전 가운데 있는 함수조인 해주로 피신시켜 빗물이 섞이지 않게 하며 염도를 유지한다. 조수간만의 차와 완만한 고도차를 둔 염전의 구조 때문에 바다에서부터 결정지까지 물이 옮겨 다니는 것은 수문을 열고 닫는 것만으로 자연스럽게 이루어진다. 마하탑의 이흑암리 염전 수로와 함수조의 바닥과 벽면에는 모두 송판이 깔려 있다. 송판은 모두 스테인리스강 못으로 고정돼 있어 녹물이 스며들지 않게 했다. 또 여느 갯벌 염전들이 개흙에 판 웅덩이에 지붕만 씌운 구조라 한 해만 지나도 침전물이 쌓이고 흙이 무너져 웅덩이가 메워지는 것과도 비교가 된다. 벽과 바닥을 송판으로 덮은 함수조에서 결정지로 다시 나오는 소금물은 이물질이 섞이지 않도록 호스로 이동시킨다. 이렇게 염전 곳곳에 세심한 배려가 스며 있는 때문인지 결정지에서 막 걷어 낸 마하탑의 소금들은 눈부시게 희다. 그의 말처럼 몸 안에 들어가 생리작용만 하고 고스란히 몸 밖으로 빠져나오는 깨끗한 소금은 이렇게 세심한 과정을 통해 만들어지고 있었다. 그것도 뜨거운 한여름 동안에만 말이다. 염전에 있는 소금창고에서 며칠 동안 자연 탈수된 소금들은 임자도 안쪽 대기리에 있는 마하탑 공장으로 옮겨와 원심분리기로 탈수한다. 이렇게 하면 소금 결정 안에 있는 간수까지 완전히 빠져 쓴맛이 남지 않고 오래 보관해도 물기를 머금지 않는다. 이것 역시 마하탑 유억근 대표가 개발한 방식이라고 한다.

소금이 온다는 표현은 옛사람들로부터 전해온 말이다. 사람이 만드는 것이 아니라 단지 오는 것. 인공의 기계 소금들과 달리 우주를 이루고 있는 광물질들을 함유한 채 모습을 드러내는 자연의 소금. 그것은 오랫동안의 오해와 달리 불결하지도 않으며 몸 안에 이상을 일으키는 것도 아니었다. 오히려 미네랄을 함유하고 몸 안의 균형을 바로잡아 주며 좋은 영향을 준다는 사실이 밝혀지면서 서서히 진가를 인정받고 있다. 물론 유억근 씨 한 사람이 일군 것은 아니다. 그러나 사람들이 서서히 깨달음의 지점에 도달해 갈 때 미리 고난의 길을 마다 않고 걸어가 실제로 그런 맑고 단 소금을 만든 사람. 그는 세상으로 온 소금과 같은 사람이었다.

시상에
부러울 게
읍써!

김형호

전남 해남 참솔공동체

"겨울바다는 항시 춥지라." 그의 목소리는 범상했다. 마치 자신과 무관한 남의 일에 대해 말하는 것 같았다. 입춘이 지났지만 바늘이 찔러대듯 겨울 바닷바람은 매서웠다. 장갑도 끼지 않은 맨손으로 그는 보트의 조종간을 잡고 날카로운 바람을 견디고 있었다. 갈퀴처럼 거친 손이었다. 도시에서는 만날 수 없는 투박한 손, 오랜 노동이 빚어 놓은 정직한 손이다. 거칠 것 없는 바다 위를 질주하다 보니 맞바람은 어쩔 수 없이 눈을 가늘게 찌푸리게 만들었다. 한평생 바람에 단련되었을 그의 얼굴은, 벌겋게 상기돼 어쩔 줄 몰라 하는 우리들과는 달리 별일 없어 보였다. 그의 집 앞에 펼쳐진 연안바다는 문전옥답이나 마찬가지였다. 갯벌 위에 버팀목을 꽂아 둔 김양식장을 둘러보려 함께 나선 길이었다.

김형호 씨는 우리나라에서 그리 흔하지 않은 지주식 김양식을 하는 사람이다. 김발에 포자를 달아 주기는 하지만 지주식 김을 길러 내는 것은 지구에 생명을 불어 넣은 바닷물이고 햇살과 바람이며 이미 자연과 인공의 구분조차 무의미한 이 바닷가 사람들의 거친 땀방울뿐이다. 땅에 유기농사가 있다면 바다에는 자연을 거스르지 않는 지주식 김양식이 있다고 보면 이해가 쉽다.

수심 얕고 조수간만 차 크고 미네랄 풍부한 뻘

바람은 살갗을 파고들 것처럼 모질었지만 그 안에 둥글고 뭉툭한 봄기운이 느껴졌다. 만약 이 찬바람을 11월에 맞았다면 마음은 더욱 조바심을 쳤을 것이다. 전에 겪은 모진 겨울에 비하면 지난겨울은 그래도 비교적 순탄

했다. 혹독한 추위가 끝없이 이어지지도 않았고, 온 나라를 뒤숭숭하게 만든 구제역 파동도 없었다. 다만 겨울 가뭄이 사람들의 애를 태웠다.

바다로 나서니 육지의 지형이 더욱 분명하게 눈에 들어왔다. 집과 김 가공 공장이 있는 해남군 북평면 남전리에서 한 굽이만 더 돌아 내려가면 땅끝마을이다. 행정구역상으로 해남군이지만 군청이 있는 읍내에서 50km가량이나 남쪽으로 뚝 떨어져 있다. 땅 끝. 워낙 큰 섬이라 뭍처럼 여겨지는 완도가 바다 건너 내다보이고 그 섬까지 모두 다리가 연결돼 이제는 육지의 끝에 다다라 품게 되는 어떤 비장감이 예전 같지 않을 것이다.

"땅 끝에 서서 / 더는 갈 곳 없는 땅 끝에 서서 / 돌아갈 수 없는 막바지 / 새 되어서 날거나 / 고기 되어서 숨거나… / 혼자 서서 부르는 / 불러 / 내 속에서 차츰 크게 열리어 / 저 바다만큼 / 저 하늘만큼 열리다 / 이내 작은 한 덩이 검은 돌에 빛나는 / 한 오리 햇빛 / 애린 / 나" – 김지하 〈애린〉 중에서

1986년 겨울이었는지 이듬해 봄인지. 포천군 일동 버스터미널 옆에 있던 서점에 서서 이 시를 읽은 기억이 있다. 입대한 지 그리 오래되지 않은 무렵인데 무슨 일 때문인지 외출을 나온 길이었다. 심야에 보초를 설 때 말고는 호젓하게 혼자 있는 시간이라고는 도통 없는 군대생활에서 나도 역시 암담한 그 시대를 견디고 있었다. 시를 읽으면서 '그렇구나, 시인은 이렇게 대신 앓아주는 사람이구나' 하는 생각을 했었다. 땅끝 가까이에 와서 나는 어쩔 수 없이 깊이 가라앉아 있던 추억들을 길어 올릴 수밖에 없었다.

서울에서 해남을 향해 달리다 보면 한동안 평탄하던 남녘의 들판 너머로 무등산과 월출산이 범상치 않은 기운으로 솟구쳐 있어 감탄하게 된다. 이 산들을 이어 가며 뻗어 가던 호남정맥은 해남으로 들어와 두륜산으로 솟았다가 그 기운을 주체하지 못하고 땅끝마을이 있는 곳을 향해 달마산 줄기를 길게 밀어 내려 놓았다. 그가 사는 마을은 그 산줄기를 바람막이처럼 등지고 있는 바닷가다. 바다 건너로 완도가 길게 바다를 막아섰고 남쪽으로 띄엄띄엄 떠 있는 백일도, 횡간도, 보길도 같은 섬들이 첩첩이 시야를 가로막고 있어 바다라기보다는 아늑한 호수처럼 여겨지는 내해를 마주한 곳이었다. 바다는 수심이 얕고 조수간만의 차가 있으며, 미네랄이 풍부한 뻘이 형성돼 있다. 좋은 김을 생산하기에는 더할 수 없이 좋은 조건을 갖추었다.

"큰 태풍이 와도 여긴 잔잔해요. 산 우에 나무가 뽑혀도 말이여, 새벽에 일어나 집 앞에 나오면 달빛 아래 잔잔한 바다가 기가 막혀. 시상 부러울 게 읍써."

집 앞에 펼쳐진 바다를 사랑하는 그는 이 마을에서 1955년에 태어나 이제껏 살았다. 군대생활을 한 잠깐 동안 그리고 채 1년이 안되는 동안 서울의 구로공단에서 일하고 택시운전을 잠깐 한 것을 빼고는 57년 동안 국토의 최남단, 이 바닷가 마을에서 붙박이로 산 것이다. 바닷가에 아무렇게 놓여 있는 돌들이나 멀리 올려다 보이는 달마산의 암봉들처럼 그는 이 동네에 부는 바람과 밀려왔다 밀려가는 바닷물 속에 자연스러운 모습으로 섞여 있다.

"이 동네가 전부 김해 김가 우리 일가친척이제. 조상 대대로 살았응게, 650년도 더 됐다고 허고. 처음에는 어떻게 왔는지 몰러. 유배를 왔능가." 이 지역사투리에서 "그렇지"는 "그라제"다. 어떤 질문에 대해 표준말로 "네"라고 대답하면 그 의미는 여지없이 명료하다. 그러나 "그렇지"라고 하면 어떤가? 던져진 질문을 스스로 다시 한번 되씹는 느낌도 있고, 추임새를 넣듯이 상대방의 의중에 맞장구를 치는 것이기도 하다. "그렇지"보다는 "그라제"가 훨씬 더 정겨운 것은 말할 나위가 없다. 대화란 본래 의중을 전달하기만 하는 것이 아니라 소통을 위한 것일 텐데, 이렇게 밀고 당기면서 미세한 감정을 주고받는 이런 식의 말맛이 무척 매력적이다.

여그하고는 김이 다를 수밖에

2010년 통계에 보면 전라남도의 면적은 1만2천 ㎢, 남한 전체 10만여 ㎢의 12%가량으로 경상북도와 강원도 다음으로 넓다. 서울의 스무 배가량이나 된다. 인구는 1990년에 250만 7천439명이었던 것이 꾸준히 줄어 2010년 174만 76명에 불과하다. 서울 인구 1천만 명에 비하면 17.5%에 불과하다. 땅은 스무 배 넓고 인구는 5분의 1이 채 안되는 것이다. 언제까지 지속될 수 있을지 모르겠으나 적막한 들판과 바닷가 마을에 드문드문 살고 있는 나이 든 사람들이 서울과 인근에 복닥거리고 있는 대다수 사람들 밥상에 오르는 먹을거리를 책임지고 있다.

"5톤 트럭으로 한 차 올려 보낼 때마다 운송비 70만 원씩 들고, 일하는 사람들 인건비나 이웃 사람들이 내는 김값은 바로바로 현금으로 내줘

돌이켜 보니 1970년대, 어린 시절에 김은 귀한 음식이었다. 식구가 많기도 했지만 김 한 톳을 사면 겨우내 아껴 먹고, 손님이라도 와야 상 위에 올라가 있었다. 기름 발라 구운 김은 달걀말이만큼이나 귀한 도시락 반찬이었다.

야 하니까. 벨로 남는 건 읎써."

그가 사는 남전리 앞에 펼쳐진 바다는 그냥 놀리는 빈곳이 하나도 없어 보였다. 위성사진으로 동네를 검색해 보면 가지런히 쟁기질이라도 해놓은 것처럼 바다에 온통 김양식장이 들어찬 모습을 조금 더 분명하게 확인할 수 있다.

"해남 저쪽 황산면에서도 지주식을 하고, 여기하고 해남에는 두 군데밖에 읎제. 완도, 고흥 저쪽서도 한다등만, 바다가 틀리제. 그 주변에서 모두 산처리를 하는데 지주식을 하더라도 여그하고는 김이 다를 수밖에……."

이런 천혜의 조건 때문인지, 그의 마을에서는 옛날부터 계속 김 양식을 해왔다. 그의 말로는 250년도 더 되었다고 하고, 실제로 김을 제일 먼저 양식한 곳도 이곳이라고 하는데, 자료에 따라서는 1640년 무렵 전남 광양에서 김여익이라는 이가 김 양식을 처음 시작해 이름도 김이 되었다는 설도, 1870년경 완도군 약산면에서 정시원이라는 사람이 시작했다는 설도 있어 확인이 어려웠다.

그의 집과 가공 공장이 서있는 바닷가는 그의 기억이 시작되던 순간부터 계속 김을 말리던 '건장'이었다고 한다. "전부 일본으로 수출했지. 송죽매동이라고 등급을 매겼제. 제일 낮은 등급이 동이여."

그의 김밭은 매년 9월 20일경부터 10월 10일경까지 김발에 포자를 붙이는 '채묘(采苗)'를 한다. 지주식 김은 채묘를 하고 난 뒤 25일가량 지나면 15cm에서 30cm까지 자라난다. 물속에서 자라는 부류식 김이 2주면 채취할 수 있게 자라는 것에 비하면 더디고 생산량도 적다. 어민들이 이렇게 길러 낸 김은 김형호 씨가 운영하는 신흥수산에서 120kg에 13만 원씩 매입한다. 이것을 세척하고 숙성시킨 뒤 말려서 팔려 나가는 묶음으로 완성해, 한창 때에는 100장 한 묶음씩 하루 3천500속가량 내고 있다. 인건비와 운영비 등이 많이 들기 때문에 따지고 보면 김 가공을 통해 신흥수산은 속당 300원가량 이문을 남긴다고 한다. 일 년에 20만 속 정도를 내고 있으니 자신이 김으로 한 해 6~7천만 원가량 소득을 올린다고 했다. 그의 말에 따르면 김값은 30년 전이나 지금이나 별로 오른 게 없다. 20~30년 전에 100장 한 속에 4천 원이었던 것을 지금 한 속에 6천 원에 내고 있으니 물가가 오르는 걸 견줘 보면 대단히 싸졌다고 할 수 있다. 돌이켜 보니 1970년대, 어린 시절에 김은 귀한 음식이었다. 식구가 많기도 했지만 김 한 톳을 사면 겨우내 아껴 먹고, 손님이라도 와야 상 위에 올라가 있었다. 기름 발라 구운 김은 달걀말이만큼이나 귀한 도시락 반찬이었다. 설날 떡국에 구운 김을 부숴 고명으로 올리면 은근하게 퍼져 오던 향기에서 남쪽 바다가 느껴지곤 했다.

"그라제, 김 한 장에 달걀 한 알 안 바꾼다고 했응게."

김을 거두자면 추운 겨울 바다를 견뎌야

김은 우리나라 사람들이 가장 많이 먹는 해조류임에 분명하다. 《민족문화백과사전》에 보면, 김은 홍조식물문 보라털과이고 한자로는 '해의', '자채'라고 한다. 검붉은색 때문에 붙은 이름이다. 요즘은 많이 쓰는 해태(海苔),

바다에서 나는 이끼라는 이 말은 일본식 표기라고 한다. 우리나라에서는 본래 파래를 이렇게 불렀다.

한국 사람 가운데 김을 싫어하는 사람은 별로 없다. 일본과 중국에서도 한국 김에 열광하고 있다. 이 때문에 김 시장은 꾸준히 확대돼 2000년에 13만 t(1천3억 원)에서 2010년도 23만 6천 t(2천306억 원)으로 증가했고, 수출도 2000년 2천900만 달러에서 2010년 1억 500만 달러로 크게 늘었다고 한다. 2011년에는 1억 5천만 달러가량을 수출했다.

김 양식에는 서남해안 5천여 가구가 참여하고 있고 양식 면적은 5억 7천만 m^2(5만 7천 ha) 67만 책가량 된다고 한다. 이 가운데 71.7%가 전라남도에 몰려 있다. 전라북도(11.7%), 충청남도(9.2%), 경기도(4.6%), 부산시(1.7%)에서도 하고 있지만 그 양은 많지 않다. 김은 전라도, 그중에서도 전라남도의 산물이라고 해도 무리가 없겠다.

김을 양식하는 데는 김발을 스티로폼 같은 부유물에 매달아 물에 담가 놓는가, 뻘에 박은 버팀목에 매달아 두는가에 따라 부류식과 지주식으로 나뉜다. 지주식은 버팀목을 뻘에 박을 수 있는 얕은 바다에서 할 수밖에 없는 반면 부류식은 지형의 영향을 덜 받는다. 생산성은 부류식이 월등히 높아 우리나라에서 나는 김의 90%가량이 모두 부류식으로 길러지고 있다. 이 마을에서 지주식으로 김을 키운 지는 200년 더 되었다. 그가 사는 남전리 앞바다는 어쩌면 세계에서도 이 방식으로 김을 길러내는 데 가장 유리한 지역일 수 있다. 그러니 일부러 바다에 산을 뿌려 가면서까지 하는 부류식 양식에 눈을 돌릴 이유는 없었다고 한다.

"김발에 살얼음이 살짝 낄 때가 김이 제일 잘 자라제." 양식장을 둘러보고 부두로 돌아오면서 그가 말했다. 이 때문에 김을 거두자면 항시 추운 겨울 바다를 견딜 수밖에 없다. 김형호 씨는 자신이 내는 김에 대해 "대한민국에 이런 김은 없으니께." 하는 자부심을 가지고 있다. 좋은 김을 낼 수 있는 것은 자신과 이웃들이 일체 다른 가공을 하지 않고 정성을 들이기 때문이기도 하지만 무기질이 풍부한 뻘 위에 적당한 조수간만의 차, 그리고 호수처럼 잔잔한 바다, 이런 천혜의 조건 때문에 가능한 일이기도 하다.

부류식 김은 김발이 24시간 내내 바닷속에 잠겨 있다. 지주식 김처럼 햇빛에 장시간 노출될 수 없기에 아무래도 영양 상태가 부실하고 풍미도 덜하다고 한다. 더욱 문제가 되는 것은 몇 차례 언론보도가 되기도 했듯 내내 물에 잠겨 있는 김발에 이 지역 사람들이 '꼽'이라고 부르는 이끼가 끼고 파래나 따개비가 엉기기 때문에 부득이 산을 써서 이들을 떨어낼 수밖에 없다는 점이다. 산을 뿌리면 파래와 이끼 같은 녹조류는 죽지만 홍조류인 김은 살아남는다. 새우나 따개비 같은 바다생물들도 견딜 수 없다. 대신 김은 잡티 없이 말끔하게 관리할 수 있다. 햇빛에 드러난 적 없으니 빛깔은 더욱 검다. 짙은 검붉은색 김을 사람들은 고급으로 여긴다. 그나마 정부에서 권장하는 유기산을 쓰면 별 문제가 없지만 이는 산도가 낮아 효과가 덜하다. 그래서 일부 어민들은 몰래 금지된 염산이나 심지어는 공업용 폐산을 뿌려 겉으로만 말끔해 보이는 김을 생산하기도 한다. 이에 비해 지주식 김은 바닷물이 빠질 때마다 하루 8시간가량 살얼음이 끼는 찬바람 속에 김이 드러날 수밖에 없다. 낮에는 햇빛을 받고 광합성도 한다.

그는 내키면 뻘에 나가 낙지나 바지락 같은 갯것을 잡고, 장어가 먹고 싶으면 장어를 잡고, 짱뚱어가 먹고 싶으면 그것을 잡으면서 부지런히 일하는 지금의 삶에 더없이 만족한다고 했다. 그러나 세상에 대가 없는 일이 없듯 그가 누리는 행복 역시 모질고 호된 고통이 길러 낸 것이다.

밀물 썰물이 키우는 지주식 김

김형호 씨는 스무 살 때부터 양식장을 운영해 왔다. 만으로 37년 경력이 된 것이다. 전에는 소나무나 대나무를 그대로 뻘에 박아 버팀목으로 썼다. 양쪽에 버팀목을 박아 그 사이에 그물 모양의 김발을 매달아 김이 자라게 한다. 대나무 버팀목은 한 개에 2천 원이지만 이것은 한 해 지나면 썩어 버리기 때문에 최근에는 대나무 위에 플라스틱을 뒤집어씌운 것을 쓴다. 한 개에 1만5천 원 정도 하지만 10년 정도는 그대로 쓸 수 있다고 한다. 버팀목에 매달아 놓은 김발 40m를 1척이라고 하는데 예전에는 마을 사람들이 골고루 가구당 30~40척씩 했으나, 이제는 다들 늙어서 유지하지 못하게 되자 비교적 젊은 주민들 15가구가 300척씩 양식장을 운영하고 있다고 한다. 김형호 씨도 양식을 포기하는 노인들 것을 인수하다 보니 이제 600척을 하게 되었다.

부두에서 바로 보이는 가공 공장으로 실려 온 김은 1차로 가로세로 4m 깊이 3m쯤 되는 세척조에서 24시간 동안 민물로 세척을 한다. 물은 5km 떨어진 산 위에서 내려오는 맑은 물이다. 이러한 대형 세척조가 모두 6칸이 있다. 세척이 끝난 김은 물과 함께 파이프를 통해 실내에 있는 가공 공장으로 옮겨진다. 제일 먼저 거치는 과정은 이물질 제거기를 통과하는 일이다. 이 과정에서 김에 붙어 있는 조개껍질이나 뻘 등을 모두 거른다. 그 다음 거치는 과정은 절단과 숙성이다. 작은 수조에서 민물에 담긴 채 잘게 잘린 김들은 여섯 시간 가까이 숙성과정을 거치면서 풍미가 깊어진다. 이것은 김형호 씨가 어린 시절 본 것처럼 저녁 때까지 세척을 마친 김들을 항아리에 담아 하룻밤을 지나게 하던 것과 같은 원리라고 했다. 숙성을 마친 김들을 다시 한 번 민물로 세척한 뒤 물과 고르게 섞어 우리가 흔히 보듯 종이 모양으로 성형하고 건조하는 건조기 안으로 옮긴다. 김형호 씨의 표현대로 "조폐공사만 돈을 찍어내는가? 이것도 전부 돈이제." 하는 말에 딱 맞게 김발 위에 고르게 뿌려져 전기 열로 건조된 뒤 쉴 새 없이 얇은 종이 모양으로 밀려 나온다. 거의 모든 공정이 자동화되어 있고 마지막에 띠지로 김을 묶는 일만 사람들이 모여 앉아 한다. 필리핀에서 이웃으로 시집온 새댁을 비롯해 이웃에 사는 네 사람과 김형호 씨 아내와 처형까지 함께 어울려 이 일을 한다. 기계는 24시간 돌아가며 사람들은 여섯 시간마다 교대를 한다.

그와 아내도 똑같이 일을 한다. 김형호 씨는 일하는 것 말고는 뾰족한 취미도 없다고 했다가 생각났다는 듯이 "아내와 등산 다니는 일이 참 좋다"고 했다. 달마산에 오르며 이런저런 대화를 나누고 내려와서는 함께 산채비빔밥을 사 먹고 집으로 돌아오는 일이 그렇게 행복할 수 없다고. 그와 30년을 함께 산 아내 허경자 씨는 본디 나주 사람이었다. 고등학교를 졸업하던 해에 차 안에서 우연히 김형호 씨를 만나 결혼하게 되었다. "아야, 고생요? 말도 못하게 했지라." 하면서 고개를 절래절래 흔들었다. 얹혀살던 형님 댁에서 보리쌀 석 되와 함께 다 쓰러져 가는 초가집을 얻어 분가를 하면서 한동안 생계가 막막해 바다에서 고기를 잡아 북평면 남총장과 완도장, 해남장으로 팔러 다녔다. 지금도 노동은 끊이지 않지만 결혼해 수원에 살고 있는 딸이나 군대에 갔다 와 뒤늦게 여수 수산대학에서 해양생

물학을 공부하고 있는 아들, 그리고 함께 살고 있는 막내 시동생까지 다들 모두가 걱정 없이 산다고 했다.

바다 내음도, 마음대로 잡아오는 갯것들도 다 좋아

스스로 행복하다고 말하는 사람을 좀처럼 만나기 어려운 요즘이다. 그는 이야기를 나누는 동안 몇 번이나 "남부러울 게 없다"고 했다. 새벽에 잠깨 집 밖에 나서서 맡는 바다내음이 그렇고, 내키면 뻘에 나가 마음대로 잡아오는 낙지나 바지락 같은 갯것들이 그렇다. 장어가 먹고 싶으면 장어를 잡고, 짱뚱어가 먹고 싶으면 그것을 잡으면서 부지런히 일하는 지금의 삶에 더없이 만족한다고 했다. 그러나 세상에 대가 없는 일이 없듯 그가 누리는 행복 역시 모질고 호된 고통이 길러낸 것이다. 이야기를 나누는 동안 그는 묻지도 않았는데 "배운 게 없다"는 말을 여러 번 했다. 누군들 뾰족하게 많이 배워 보람된 일을 하고 있을까 싶어 귓등으로 흘려들었는데 또 그 말을 했다.

"학교라고는 다녀본 일이라고 읎어. 훌륭하게 농사짓는 분들 찾아가서 좋은 말 듣고 그런 건 열심히 했네."

네 살 때 아버지가 돌아가신 뒤로 그는 큰형과 형수 밑에서 설움을 받으며 자랐다고 한다. 아무리 촌이라 해도 대개 초등학교는 다녔는데 동무들이 학교에 갈 때 그는 소를 먹이려 들로 다니거나 밭일을 거들어야 했다. 유복자로 태어난 막내 동생도 마찬가지였다. 이런 일을 가슴 아파하다가 어머니가 돌아가셨다. 그가 군에서 제대한 지 얼마 안 된 때였고, 동생은 군에 간 동안이었다. '이제 너희들 다 키웠으니 세상에서 할 일은 다했다'며 생을 마감한 것이다. 그것이 젊은 날 자신에게 씻을 수 없는 상처가 되었다.

"어머니 돌아가신 뒤로는 내가 반미치광이가 되어 부렀어. 술만 취하면 산 우로 올라가. 아침에 눈 뜨면 어머니 묘지 앞이여." 배운 것 없고 가진 것 없는 자신이 이를 악물고 남들보다 잘 살아야겠다고 결심한 것도 자신이 겪은 고통들 때문이었다고 했다. 어쩌면 자신에게 고통을 준 형님 때문에 자기가 지금처럼 부러울 게 없이 살고 있다는 말도 했다. 그래서 고맙다고, 빈말만은 아닌 이야기를 했다.

"말도 못하게 미웠는데, 그것 때문에 내가 나빠져서는 안 된다고 생각했제. 그래서 더 잘해줘 부러. 그러니까 형님도 나중에는 고맙다 하등만."

"솔찬이 맛있게 묵그만, 잉."

"아야 어지간히 묵었는가?"

이야기를 마치고 남촌리에 있는 식당에 들어가자 그의 어린 시절 친구가 아는 체를 한다. 이 지방 사람들이 하는 "아야~" 이 말도 재미있었다. "아, 여기", "그 뭣이냐" 이런 의미일 텐데, 김형호 씨의 마을 사람들은 말을 시작할 때 어지간하면 "아야"가 먼저 튀어나왔다. "맛있어요"도 "아야, 겁나게 맛있어라." 이런 식이다. 서로의 눈빛과 표정을 읽으면서 말에 추임새를 넣어 가며 하는 그들의 대화가 여간 정겹고 따뜻하지 않았다.

바다에서 떨다 따뜻한 방에 들어앉은 때문인지, 아니면 그가 들려준 신산스런 어린 시절이 이제 다 지나가고 그에게 허락된 행복한 일상이 다행이다 싶어 그랬는지, 김이 올라오는 밥그릇을 열어 놓고 뜨거운 생선찌개를 퍼 올리는데 어쩐지 가슴속에 무엇인지 뻐근하게 차올랐다. 또한 어머니가 돌아가신 뒤에 반미치광이가 돼 몸부림쳤다는 이야기를 들을 때는 눈물이 맺혀 눈길을 돌려야 했다.

"나는 넘 말 하는 사람이 제일 싫어. 남 욕하고 욕심 내세우면 몸에 병이 오등만. 그래서 아들한테도 그라제. 무조건 져라. 그래야 편타."

살리는 사람 농부

1판 1쇄 펴낸 날 2014년 10월 20일
   2쇄 펴낸 날 2015년 8월 30일

지은이 김성희
사　진 류관희·장성백

펴낸이 김성희
펴낸곳 도서출판한살림
편　집 구현지, 이선미
책임편집 김세진
디자인 이규중

출판신고 2008년 5월 2일 제2015-000090호
주　소 서울시 서초구 서운로 19, 4층
전　화 02-6931-3612
팩　스 02-6715-0819
이메일 story@hansalim.or.kr

ⓒ 도서출판한살림, 2014

ISBN 978-89-964602-3-7　03810

* 이 책은 재생종이로 만들었습니다.
* 이 책의 무단 복제와 전재를 금합니다.
* 잘못된 책은 구입하신 곳에서 바꾸어 드립니다.
* 책값은 뒤표지에 있습니다.